One Health
科普丛书

丛书主编/沈建忠

宠物星球
宠物的超级守护者

主编/夏兆飞　汪洋　陈丝雨

知识产权出版社
全国百佳图书出版单位
—北京—

图书在版编目（CIP）数据

宠物星球：宠物的超级守护者 / 夏兆飞，汪洋，陈丝雨主编. -- 北京：知识产权出版社，2025.8. --（One Health 科普丛书 / 沈建忠主编）. -- ISBN 978-7-5130-9962-2

Ⅰ. S865.3-49

中国国家版本馆 CIP 数据核字第 20258RY261 号

内容提要

本书从晓阳、雅琴和文慧与宠物的日常互动入手，系统地阐述了宠物的日常护理与健康管理。内容涵盖宠物行为、疫苗接种、疾病预防、寄生虫防治与感染控制，以及常见健康问题的识别与解决方案。通过真实生活中的互动实例和具体的指导，帮助大众全面了解并有效地关注宠物的日常生活与疾病防治，提升宠物的生活质量和健康水平。

责任编辑：郑涵语　　　责任印制：刘译文　　　封面设计：舒　丁

One Health 科普丛书 / 沈建忠主编

宠物星球——宠物的超级守护者

夏兆飞　汪　洋　陈丝雨　主编

出版发行	知识产权出版社 有限责任公司	网　　址	http：//www.ipph.cn
电　　话	010-82004826		http：//www.laichushu.com
社　　址	北京市海淀区气象路 50 号院	邮　　编	100081
责编电话	010-82000860 转 8569	责编邮箱	laichushu@cnipr.com
发行电话	010-82000860 转 8101	发行传真	010-82000893
印　　刷	天津嘉恒印务有限公司	经　　销	新华书店、各大网上书店及相关专业书店
开　　本	720mm×1000mm　1/16	印　　张	12.25
版　　次	2025 年 8 月第 1 版	印　　次	2025 年 8 月第 1 次印刷
字　　数	160 千字	定　　价	72.00 元

ISBN 978-7-5130-9962-2

出版权专有　侵权必究

如有印装质量问题，本社负责调换。

编委会

丛书主编 沈建忠

主　　编 夏兆飞　汪　洋　陈丝雨

编　　委（按姓氏拼音排序）

安　琪　党旭堃　韩　旭
李佳萍　李金樾　李宜霏
马士珍　宋　昱　索赵泰泽
汪　倩　王　凡　杨腾昆
张格格　张　嵘

丛书序

21世纪，经济全球化给我们的生活带来了翻天覆地的变化。人类在享受全球化带来的飞速发展成果的同时，也面临着严峻的健康挑战。新型突发传染病、食品安全、环境污染等公共卫生事件频发。越来越多的研究发现，人类的健康与动物及其生活的生态系统息息相关。人畜共患病因随着动物和人类之间的互动相互传播，而环境的变化可能会加速疾病的传播；抗微生物药物的滥用会导致病原体对药物产生耐药性，这些耐药的微生物会通过环境和食物链在动物和人类之间传播，最终导致抗微生物药物失效。近年来，国内外的研究结果都在提醒人们，人类的健康不再是狭义的健康，"同一健康"（One Health）的概念应运而生。"同一健康"理念旨在可持续地平衡和改善人类—动物—植物—生态系统的健康，呼吁人们通过跨学科、跨部门、跨行业的合作，采用整体、系统的策略来识别人类—动物—植物—生态系统之间的相互联系。2022年10月17日，联合国粮食及农业组织（FAO）、联合国环境规划署（UNEP）、世界卫生组织（WHO）和世界动物卫生组织（WOAH）四方共同发布《"同一健康"联合行动计划》，为"同一健康"理念的践行提供了切实可行的行动计划。

为了增进公众对"同一健康"理念的认知，本着促进科学技术知识的普及和传播的目的，中国农业大学和浙江大学的师生们精心策划了"One Health科普丛书"。本丛书紧紧围绕"同一健康"主题，联合临床医学、动物医学、环境科学、食品科学等学科，着眼于与人类生活密切相关的健康问题，涵盖临床感染性疾病的诊治、食源性疾病、宠物健康、食品安全、抗生素耐药性等问题，深入浅出地传播微生物科学知识。希望通过对这套丛书的阅读，读者对人类—动物—植物—生态系统有更加深刻的理解和认识。

中国工程院院士

沈建忠

前 言

《2024年全球宠物护理状况报告》（Global State of Pet Care）显示，全球宠物拥有量持续增长，这一数量甚至达数十亿。据估计，全球超过一半的家庭拥有宠物，仅美国、巴西、欧盟和中国的家庭就拥有超过5亿只狗和猫。越来越多的研究发现，宠物对人类的健康有着积极的影响，如降低血压和心脏病风险、增加活动量、提供情绪价值、改善心理健康。宠物与人类的关系日益密切。

2022年，由联合国粮食及农业组织、联合国环境规划署、世界卫生组织和世界动物卫生组织组成的四方合作机制正式发布《"同一健康"联合行动计划》，旨在创建一套能够整合系统和能力的框架，以便各方能加强合作，共同预防、预测、监测和应对健康威胁，改善人类、动物、植物和环境的健康，同时促进可持续发展。中国作为主要的养宠大国，约有1.2亿只猫、狗❶，如何降低宠物疾病负担，减少人畜共患病风险，真正实现"人—动物—环境"健康的可持续发展，任重而道远。

本书是One Health系列丛书之一，紧紧围绕"宠物健康"这一主题，以

---

❶《2025年中国宠物行业白皮书（消费报告）》。

45个生动有趣的小故事为您展现一个全新的宠物星球，内容涵盖宠物饮食、疫苗接种、除虫、绝育、疾病护理等方面，让您在妙趣横生的阅读体验中收获科学养宠的知识。如果您恰好是爱狗或爱猫的人，通过本书的阅读，相信您会成为一个更优秀的铲屎官！

目　录

※ 宠物的养护秘籍——关爱从日常开始 ※

1. 哈喽！宠物　　　　　　　　　　　　　　003
2. 萌宠初到家　　　　　　　　　　　　　　007
3. 饮食营养知多少　　　　　　　　　　　　011
4. 健康的微笑　　　　　　　　　　　　　　016
5. 宠物的专属SPA　　　　　　　　　　　　020
6. 打好疫苗针，少生很多病　　　　　　　　024
7. 猫咪也有小情绪　　　　　　　　　　　　028
8. 危险的无形"杀手"——应激　　　　　　032
9. 除虫大作战　　　　　　　　　　　　　　036
10. 宠物的健康通知书　　　　　　　　　　　040
11. 消失的"蛋蛋"　　　　　　　　　　　　044

※ 宠物的"隐形威胁"——人畜共患病的预防与早期识别 ※

12. 太阳虽好，不能多晒　　　　　　　　　　051
13. 狗狗也"疯狂"　　　　　　　　　　　　054

14. 一场肚子里的"风暴"　　　　　　　　　　058

15. 猫咪粑粑的隔夜危机　　　　　　　　　　061

16. 皮肤上的"吸血鬼"　　　　　　　　　　064

17. 虫虫的肝内冒险　　　　　　　　　　　　068

18. 白蛉的罪恶生活　　　　　　　　　　　　072

19. 流产警报　　　　　　　　　　　　　　　075

20. 游泳的魔咒　　　　　　　　　　　　　　079

21. 你不懂我的痒　　　　　　　　　　　　　083

22. 抓耳挠腮的秘密　　　　　　　　　　　　087

23. 皮肤上的潜行者　　　　　　　　　　　　090

24. 猫咪小爪危机大　　　　　　　　　　　　095

25. 红红的鼻子　　　　　　　　　　　　　　099

26. 心里不止有爱，还可能有虫　　　　　　　103

27. 猫咪的"肚子难题"　　　　　　　　　　106

※ 宠物的疾病防治——从内科到外科的健康管理 ※

28. 贪吃惹的祸　　　　　　　　　　　　　　113

29. 疼痛难忍的"腹中火"　　　　　　　　　116

30. 夜半咳嗽入梦来　　　　　　　　　　　　121

31. 打翻的"潘多拉魔盒"　　　　　　　　　124

32. 小猫的"心病"　　　　　　　　　　　　127

33. 打破尴尬的"尿尿困扰"   131

34. 猫狗"肥"典   135

35. 宠物的脑电风暴   140

36. 迷雾中的瞳孔   143

37. 狗狗的"甜蜜负担"   146

38. 地盘之争战败后   150

39. 宠物的"难言之隐"   154

40. 这次流泪不是因为没吃饱   157

※ 宠物的中毒防线——常见毒物与中毒症状的全面识别与应对 ※

41. 巧克力的诱惑   163

42. 水果刺客——葡萄君   167

43. 闪闪发光的肚子   170

44. 药物也疯狂   174

45. 藏在暗处的危机   177

小夏医生：兽医学博士，社区宠物医院医生，专业能力强，工作忙碌，性格温柔

小汪助理：宠物医院实习助理，活泼可爱，热爱宠物

晓阳：刚参加工作的阳光开朗的大男孩，虽然工作压力大，但是家中三只狗狗给予他家人般的温暖陪伴。三只狗狗分别是：边境牧羊犬（巴克）、威尔士柯基犬（奇奇）、中华田园犬（欢欢）

雅琴：知性姐姐，资深养宠人，尤其喜欢养猫，家中五只猫咪分别是：美国短毛猫（球球）、英国短毛猫（皮蛋）、白色波斯猫（雪球）、狸花猫（小核桃）和一只捡到的狸花猫（阿花）

文慧：邻家女孩，活泼可爱，家中有一只猫咪和两只狗狗：中华田园三花猫（菲尔）、迷你型贵宾犬（波波）、金毛寻回犬（毛毛）

宠物的养护秘籍

——关爱从日常开始

1. 哈喽！宠物

又是一个遛狗的清晨，晓阳像往常一样牵着他的狗狗们在小区散步，不过今天却与往常不同，晓阳的手中多了一条牵引绳。

在收留了两只流浪犬后，晓阳又在炎炎夏日捡到一只中华田园犬。小家伙已经两个多月了，在晓阳的悉心照料下显得十分活泼。看着这个新成员和两只"老家伙"打成一片，他不禁回忆起自己的养狗历程。

这三只小狗已经是晓阳生活中不可或缺的一部分。每天下班回家，晓阳的三只小狗都会兴奋地挤在门口，尾巴摇成了"螺旋桨"，迫不及待地和主人贴贴，这使晓阳一天的工作疲惫一扫而空；在晓阳遇到伤心的事情时，三只小狗会安静地趴在他的身边，任由他倾诉情绪；晓阳也因为坚持每天遛狗锻炼、加入"狗友群"分享养宠的心得体会，认识了很多朋友。

像狗狗一样的很多宠物都能给我们的生活带来许多益处。首先，它们对主人表现出无条件的忠诚和陪伴。无论主人的情绪如何，它们总是在主人身边，给予主人安慰和支持。宠物不仅能让主人感到被爱，找到自己的价值，还可以减轻孤独感，增加生活的稳定性。宠物让晓阳多了一种倾诉的方式，而晓阳也为了给宠物买品质更优的零食罐头变得更加自律，工作充满了动力，这种互相治愈的关系温暖了晓阳的生活。同时，宠物为我们提供了一个与他人交流的机会。与宠物相处可以增加人们的社交互动，特别是在公共场合和宠物社区活动中，可以与其他宠物主人建立起新的人际关系，晓阳也在他的"狗友群"里认识了工作上的前辈、善解人意的知心大姐姐和许多热爱养宠的朋友。

科学研究表明，和宠物相处可以促进身心健康。与宠物互动可以降低血压、减轻压力和焦虑，还可以增加身体活动。宠物的陪伴有助于释放身体内的内啡肽和多巴胺等神经递质，从而调节情绪，改善睡眠质量，增强免疫系统功能。宠物能够提供人们需要的情感支持和安慰，特别是在主人面临困难和挫折时，它们可以成为主人倾诉烦恼和分享喜悦的对象，无论是通过亲昵的身体接触，还是倾听主人的心声。与宠物的互动总是可以帮助主人放松身心，减轻压力，并提升愉悦感和幸福感。

晓阳在"狗友群"里认识了一位警察和一位视障人士的家属，通过交流，他了解到了可爱的动物们为人类社会作出的巨大贡献。

导盲犬乐乐是一只训练有素的金毛巡回猎犬，它的主人静静是一位年轻的视障人士。每天早晨，乐乐会温柔地跟在静静的身边，帮助她完成日常生活中的各种任务。乐乐会带着她穿越拥挤的街道，避开障碍物。它受过严格的训练，能够辨别红绿灯和人行道，确保静静安全地过马路。乐乐能够识别和寻找特定的地点，如静静经常去的咖啡馆或杂货店，使她能够自如地参与社交和购物。乐乐不仅帮助静静完成日常任务，还给她带来了独立和安全感。有了乐乐的陪伴，静静可以自信地探索新的环境，而无需担心迷路或遇到危险。乐乐的存在让静静感到安心，她知道她不再孤单，有一个忠实的"伴侣"一直陪伴在她身边。

警犬闪电是警察的得力助手,每天都与警察一起执行各种任务。闪电是一只训练有素的德国牧羊犬,具有出色的嗅觉和灵敏的听力。有一天,警察局接到了一起重要的案件:一名儿童失踪。闪电和警察立即展开行动,闪电用灵敏的嗅觉追踪到了儿童的气味,并带领警察穿过繁忙的街道和市区,最终找到了走失的儿童。闪电的努力和训练有素使它成为救人的英雄。警犬不仅能够协助警察进行搜索和追踪,还能在安保维护工作中发挥重要作用。闪电和警察一起巡逻,确保社区的安全。他们一起搜捕犯罪嫌疑人,保护市民的生命和财产安全。闪电的存在使犯罪分子望而生畏,有效地预防了犯罪和维护了公共安全。

晓阳下班回到家就发现"狗友群"里新加入的一位养狗人士在询问养狗的注意事项,群里的人众说纷纭。作为资深"狗爸",晓阳感受颇深,也发表了自己的看法。晓阳认为养宠物是一份责任和承诺。他的三只小狗需要食物、水和定期的锻炼,他需要承担起喂养的责任。他明白只有通过自己的努力,才能给小狗一个健康和幸福的生活。除了责任和承诺,养宠物还需要考虑自己的生活方式和环境是否适合。晓阳家中的狗老大是一只边境牧羊犬,需要大量的运动和活动空间。晓阳住在城市的公寓里,虽然有一个小花园,但空间有限。因此,他每天都会带它出去散步和玩耍,确保它得到足够的运动。

宠物训练和健康护理也是养宠物的重要事项。晓阳曾参加过一个宠物训练班,学习如何培养狗狗的好习惯和基本技能。他也定期带狗狗们去宠物医院检查身体,并按时接种疫苗和驱虫。同时,晓阳知道社会化和日常保健也是养宠物的关键。他经常带狗狗们参加宠物社交活动,让它们和其他狗狗互动和交流。此外,晓阳还定期带狗狗们去做美容和清洁,保持它们的毛发干净和皮肤的健康。

也许正是因为宠物和晓阳的双向奔赴，晓阳在承担责任的过程中不断成长。看着客厅中玩耍打闹的三只小毛球，他觉得一切都是值得的。

【小夏博士有话说】

中国的养宠政策是由国家林业和草原局与地方政府制定的。以下是中国养宠的一些主要政策和规定。

1.登记和许可：许多城市要求宠物犬必须进行登记并获得养犬许可证。宠物犬的主人需要提供犬的疫苗接种证明，特别是狂犬病疫苗接种证明。这不仅有助于监管宠物数量和管理养宠物的人口，还能有效减少人畜共患病的传播风险。

2.管理条例：不同城市有不同的养犬管理条例，这些条例通常包括犬只在公共场所必须佩戴狗链、主人必须清理犬只粪便等规定。

3.禁养犬种：某些城市禁止饲养某些大型的或具有攻击性的犬种，如北京市和上海市出台了禁止饲养的犬种名单。

4.动物福利：中国正在逐步加强对动物福利的重视，一些地方政府已经制定了相关法规，禁止虐待动物。

5.养宠禁区：在某些公共场所，如公园、景区、公共交通工具等，可能禁止携带宠物进入，以维护公共卫生和安全。

这些政策和规定可能因地而异，因此宠物主人应了解并遵守所在地区的具体规定。

2. 萌宠初到家

在养宠群里热心为新加入人士提出建议后,晓阳开始交流起新宠入家的注意事项,他也从帮助新手的过程中获得了成就感。晓阳认为要想做一位合格的主人,必须重视宠物刚到一个新环境时的适应过程,因此提前做一些准备是必不可少的。

在宠物入户之前,主人需要确保宠物居住空间的安全。首先,清除潜在的危险物品,例如,养犬者需要留意家中尖锐物品,避免狗狗奔跑时碰到,而住在高层的养猫人士则务必要封锁门窗,装上特制纱窗,防止猫咪因为贪玩从高处坠落。其次,为宠物设置一个独立的休息和活动区域,尤其是有领地意识的犬类。角落中的犬窝、猫爬架、饮水区等都可以算作宠物的专属区域,这样有利于它们在新的家庭中找到自己的位置,更快地适应新环境。

宠物入户前必要的宠物用品也需要纳入主人的购买清单,包括食物、水盆、窝、猫砂盆和宠物玩具等。这些宠物用品需要根据宠物的品种、体型、年龄等加以准备。其中食物最为重要,主人在购买犬粮或猫粮的时候

需要格外注意安全性和可靠性，选择有保障的权威品牌。如果新来的宠物年龄尚小，且没有进行过如厕训练，可以选择方便清洗的窝，避免宠物沾染排泄物。宠物玩具的购买需要注意玩具的直径是否适合宠物的咬合大小，大小合适的玩具才更适合宠物玩耍哦！

此外，宠物到家之后的第一个星期也尤为重要，主人需要时刻关注宠物的状态：饮食、精神和二便（尿液和粪便）情况等。

首先，饮食需要稳定地过渡，避免突然改变饮食而引发消化不良。主人应该了解哪些食物是安全的，并避免给宠物喂食有害的食物，如巧克力、洋葱、大蒜、葡萄等，这些食物会对狗狗造成严重的生命危害。在宠物的饮食管理中，有几种不同的类型可以选择，包括干粮、自制食物、生骨肉和零食。干粮是最常见的宠物食物之一，它提供了全面的营养，并且方便储存和喂养。然而，也应该注意选择适当的品牌和正确的比例。宠物饮食管理有多种类型可选，但需要注意平衡和多样化的食谱。生骨肉是一种天然的食物选择，但需要注意控制喂食量和食材安全性。零食可以作为奖励或训练工具使用，但应该注意适量饲喂，以避免影响宠物的饮食平衡。主人还应为宠物制订定时的饮食计划，保持规律的饮食时间，遵循适当的饮食比例，避免过量或不足。

其次，为了使宠物适应新环境并建立积极的互动关系，逐渐引导宠物与家人和其他宠物建立联系是至关重要的。宠物初来乍到，主人应该逐渐引导它与其他家庭成员建立联系，这可以通过逐渐增加接触的频率和时间来实现。让宠物先闻闻家庭成员的气味，然后逐渐增加接触的时间，最终让宠物完全适应新家。主人还应重视宠物在社区中的社交，可以带其去宠物公园与其他宠物玩耍和互动。确保宠物的社交是积极的，如果宠物感到不安或紧张，应及时采取措施来减轻它的压力。

再次，定期的健康检查对于确保宠物的健康非常重要。当宠物刚来到家里时，应该尽快安排一次健康检查，包括疫苗接种、驱虫和体检等。这可以确保宠物没有潜在的健康问题，并及时进行预防。主人还应为宠物找一位可靠的兽医，并且与兽医建立良好的合作关系，定期进行检查，并根据兽医的建议进行疫苗接种和驱虫等预防措施。

最后，新宠物进入家庭后，需要培养其良好的习惯。主人可以根据宠物的品种和毛发类型，确定其洗澡的频率；定期为宠物刷牙，缓解宠物的抗拒感，使用宠物专用牙刷和牙膏，有助于预防宠物口腔疾病和牙结石的形成；定期检查和清洁宠物的耳朵，使用适当的耳部清洁液和棉球。除了卫生习惯的养成，室内排泄训练和基本的行为指令训练也可以减轻主人的养宠负担。在开始室内排泄训练之前，确定一个适当的排泄区域。带宠物到排泄区域，并在宠物完成排泄后给予奖励和赞扬。如果宠物在错误的地方排泄，不要惩罚它，而是立即将它带到正确的地方，并赞扬它。宠物基本的行为指令，如"坐下""待命"和"来"，需要主人使用简单的手势和口令来引导宠物，并在它正确执行指令时给予奖励和赞扬。逐渐增加指令的难度，并确保每次训练的时间不少于10~15分钟，以保持宠物的专注度。

【小夏博士有话说】

欢迎新宠物到家是一个令人兴奋的时刻，但也需要认真地准备和关注。以下是三点重要的注意事项：

1.安全与适应环境。为宠物提供一个安全、舒适的空间，让它们可以适应新的环境。这个空间应包括一个舒适的窝、水碗和食物碗；移除任何可能对宠物造成伤害的物品。

2.健康与卫生。带宠物去宠物医院进行全面的健康检查，确保宠物接种核心疫苗并且没有潜在的健康问题。保持宠物的清洁，包括定期洗澡、梳理毛发及清洁耳朵和牙齿。同时，保持它们生活环境的卫生，定期清理食物碗、水碗和窝。

3.行为与训练。为宠物制订一个规律的饮食、排便和活动时间表，这有助于它们迅速适应新环境。

这三点注意事项能帮助新宠物到新家顺利过渡，同时为它们提供一个安全、健康和有序的生活环境。

3. 饮食营养知多少

这天,赶上晓阳休假,平日里难得中午出来遛狗,于是晓阳就牵着三只狗狗在小区里散步。在小区门口遇到了抱着猫咪雪球的雅琴,雅琴也是资深养宠人士。"嗨,雅琴,很高兴见到你。"晓阳热情地打着招呼,"你是宠物专家,我正想请教你一个问题。"雅琴爽快地说:"嗨,晓阳,我们一起探讨吧!"

晓阳最近捡到几只流浪的猫猫狗狗,尽管悉心照料着,但还是担心它们营养不均衡。他问雅琴:"狗狗和猫咪在营养需求上有差异吗?应该注意哪些问题?"

雅琴说:"狗和猫在营养需求上有显著的差异,狗是杂食性动物,而猫则是肉食性动物。"雅琴着重提到了它们对蛋白质需求的差异。猫咪对蛋白质的需求远高于狗。幼犬的生长速度比幼猫快,所以幼犬比幼猫对蛋白质有更高的需求量。但是成年以后,猫对蛋白质的需要量几乎是狗的2倍。好的猫粮一般蛋白质来源是鸡肉、鱼肉、羊肉、鸭肉等。

晓阳惊叹于雅琴的专业,又继续问雅琴:"那在挑选宠物食品时,对蔬菜和水果有什么特别要求吗?"

雅琴说:"狗狗可以吃的蔬菜还是比较多的。如绿叶蔬菜中的生菜、菠菜、莴苣、卷心菜和羽衣甘蓝等。这些蔬菜除了富含维生素A、C、K、钙、铁和钾外,也是纤维的良好来源。像人类一样,食用未煮熟的蔬菜时,狗狗会吸收最多的营养。当然,如果主人愿意,可以用一些不同的方法蒸熟蔬菜,或者烤些松脆的零食。绿叶蔬菜中的高纤维可能会导致某些狗狗在最初添加饮食后胃部不适,需要慢慢给狗狗尝试,以确保其肠胃适应。"

"尽管猫咪爱吃肉,但平时也要给它们喂一些蔬果,如蓝莓、黄瓜、南瓜等。南瓜可以有效帮助猫咪促进消化,补充纤维素。此外苹果、胡萝卜、西瓜、卷心菜等都可以给猫咪吃一些。"

此时,晓阳对雅琴已经佩服得五体投地,还想继续请教,但考虑占用雅琴太多时间,只好作罢。雅琴看出了晓阳的顾虑,就直言道:"这样吧,我回去再整理一份详细的宠物饮食注意清单,包括自制饮食、零食及猫咪和狗狗的忌口,然后发给你电子版吧。"晓阳再三表示感谢。傍晚时分,晓阳的邮箱就收到一封雅琴发来的邮件。

雅琴在邮件中详细补充了宠物的自制饮食,这不禁勾起了晓阳的好奇心。自制饮食不仅成本低,而且还能补充猫狗的营养。例如,①钙质的添加,保证合理的钙磷比是一切自制饮食的基础,一般可酌情添加碳酸钙、柠檬酸钙等。②脂肪,无论猫还是狗都有脂肪量摄入需求,除去鸡胸肉和鸭胸肉的蛋白质来源,还必须添加其他动物性脂肪。③动物内脏和蛋类,是胆碱和维生素A的重要来源,兼有大量维生素和矿物质。但是肝脏用量不要超过4%~5%,推荐添加鸡肝+鸡蛋。④淀粉,猫咪与大型犬不需要特别摄入淀粉,但小型犬淀粉摄入量不足可能导致其出现休克现象,建议十斤左右的小型犬,其饮食结构中保持一定量的淀粉摄入,以保证其热量充足,也保证其血糖稳定。

当然自制饮食也存在一定的风险，如肉源越多潜在过敏原就越多，过敏概率也越大，而且因为包含多种肉类，即使过敏了也很难识别过敏原。所以建议初期只加入1~2种肉类，宠物尝试后没有问题再逐步引入新的食材。

雅琴还讲了生骨肉喂养，当然众说纷纭。

有的认为，如果以生肉作为主食，很容易造成体内蛋白质超标，从而影响宠物的肾脏功能；如果钙、磷、维生素D等重要营养含量过低，则容易导致骨质化不足，这对正在发育期的猫狗来说负面影响尤其严重。在很多人的潜意识里，宠物就应该啃着骨头，然而，研究者并不建议给猫狗喂骨头。

喂生骨肉的注意事项：①务必要冰冻，主要是为了消灭肉里的一些寄生虫；②小心骨头；③剔除脂肪层；④补充碳水化合物、矿物质、维生素等。

雅琴还细心地讲述了宠物零食的重要性。无论是为了在日常生活中增加一些娱乐性，还是为了提高吸收性和适口性的食品，宠物零食均有一定的营养成分。宠物零食主要有四大种类：①冻干肉类。一种含肉量比较高的零食，利用冻干技术或者烘干的办法，再经过真空包装，在保证食物色、香、味俱全的情况下，也不缺失食材本身的营养。这种零食非常适合猫狗，尤其是那些对食物口感有要求的猫咪。②消臭饼干类。狗狗的牙齿健康尤为重要，消臭饼干的主要作用是清洁口腔，可以帮助减少口腔的异味、牙结石，而且饼干一般都制作得很香，也具有营养均衡的特点。对于猫咪来说，也有专门设计的洁齿饼干，帮助其保持口腔卫生。③洁齿磨牙类。多数都设计得好像卡通动画片里"狗骨头"的样子，它的作用和饼干类零食比较相似，同样有清洁宠物口腔卫生的作用，还具备锻炼宠物的咬合能力。虽然这类零食更常见于狗狗，但也有适合猫咪的产品，帮助猫咪保持口腔健康。④湿粮辅食类。以肉为主要食材，但保留了水分。狗狗食欲缺乏时，在狗粮的基础上再加湿粮，可提高其食欲，也有增肥的作用。同样，对于猫咪来说，湿粮不仅能提高其食欲，还能平缓它们的情绪，特别是在换季或环境变化时。此外，还有其他重要的零食种类如纯肉类零食、奶制零食等，这些都非常适合猫狗的不同需求。例如，奶制品类零食（如猫咪喜爱的奶糕）能为宠物提供额外的营养和能量。

▲ 猫狗忌口食物

【小夏博士有话说】

以下食物为猫狗的忌口：

1.洋葱、大蒜及各种类似葱蒜类蔬菜。洋葱含有可破坏猫红细胞的N-丙基二硫化物，可造成一种致命的溶血性贫血。

2.绿色的番茄和生马铃薯。茄科植物及其枝叶含有配糖生物碱（又称茄碱），进入猫狗体内会干扰神经信号传递并刺激肠道黏膜，从而导致猫狗下消化道剧烈不适甚至肠胃出血。生马铃薯及其皮、叶和茎也是有毒的。

3.葡萄和葡萄干，会导致肾衰竭。虽然此毒性发生在狗狗身上，但美国动物保护协会认为由于其存在未知潜在毒性，不建议给其他宠物喂食。

4.巧克力及可可制品含有可可碱，对宠物具有高度毒性，可在极短时间内引起严重呕吐和腹泻，甚至导致致命的心脏病发作。可可碱的致死剂量与咖啡因相似，对宠物健康构成极大威胁。

5.柑橘皮和萃取柑橘油。猫狗误食或长时间接触高剂量萃取柑橘油相关产品，轻微的可造成呕吐和肠胃不适，严重的会造成肝脏不能代谢，可能导致肝细胞坏死甚至猫狗死亡。清洁用品中常见的柑橘油成分一定要注意。

4. 健康的微笑

这天，晓阳刚回家，三只小狗就像往常一样摇着尾巴兴奋地凑上前迎接主人。每每看到这番场景，晓阳就会露出欣慰的笑容。三只小狗在他的照料下健康成长，变得愈发可爱。晓阳俯下身，将脸凑近它们，奇奇高兴地伸出舌头舔着他的脸颊。哎哟，好臭！原来狗狗也会有口臭呀！

作为养宠多年的资深人士，晓阳突然意识到自己竟然没有想到要护理宠物的口腔，愧疚之情涌上心头，他二话不说带着奇奇去了宠物医院。小夏医生热情地接待了晓阳。"大夫您好！我今天发现奇奇有严重的口臭，之前也没重视它的口腔卫生，现在这样是什么造成的呀？"小夏医生看出了晓阳的焦急，诱导着奇奇张开嘴："您别着急，我来看看，啊……嗯……没什么大问题，就是有点牙结石，跟人一样，它这个还不算很严重，回家多清洁口腔，一定要勤刷牙。""原来狗狗也会得牙结石呀！"晓阳自言自语道。"如果口腔护理不到位，宠物不仅会得牙结石，有口臭，牙齿还会变色，严重时甚至会影响它们的进食，所以主人一定要多加注意。"小夏医生叮嘱道，然后给晓阳推荐了一些宠物牙膏，并且仔细地教晓阳如何护理宠物的口腔。

"牙结石是引发宠物口臭的常见原因。遇到轻微牙结石，可用宠物牙刷搭配宠物牙膏定期清洁。稍严重的牙结石，主人可以给宠物咬食不易咬断的大骨头或生皮做的咀嚼骨头来磨牙结石，通过啃咬的摩擦，可使牙结石脱落。注意小型犬不要让它吃进骨头的碎片以免造成食道梗咽，情况严重的话需要到宠物医院就医，医生会将宠物麻醉，用洗牙机清理厚厚的牙结石。刷牙要从小开始，让宠物习惯刷牙的动作后，在清洁时会减轻它们的抗拒感。当然，若觉得麻烦，也可请医生定期代劳，千万不要拖到长满牙结石后再找医生处理。"

原来宠物牙齿健康的背后还有这么多学问！晓阳不禁点了点头，下定决心回家后一定要给狗狗们养成刷牙的习惯。说到牙结石，他开始好奇宠物还会遇到哪些口腔疾病，又该如何预防。在询问之后，晓阳得知有些宠物偏好吃鸡肝而不喜欢吃宠物粮食，这样会缺乏维生素B族，从而引起口腔溃疡或糜烂。症状轻时不易被发现，严重或免疫缺陷时伴有口臭、流涎、咀嚼障碍，饮食量下降，甚至拒食，严重影响胃肠功能。牙周炎如不及时治疗会引起牙龈脓肿，引起下颌及面部肿大。猫狗舌头向一侧歪或偏出口腔外，通常是口腔问题的常见表现。除此之外，不健康的饮食习惯和对口腔护理的疏忽也可能会诱发口腔黏膜及牙龈肿瘤。发病早期不易发现，一般当出现严重影响饮食及正常咀嚼功能，或流出血色分泌物时才会被发现。常见肿瘤有鳞状细胞瘤、纤维肉瘤、牙龈瘤等。

需要强调的是，犬类轻微的口臭是正常现象，主人也不用过度担心。如果在日常做好口腔护理，这些疾病基本不会困扰宠物。除了适当刷牙，合适的食物对宠物的口腔健康还具有重要影响。应避免给宠物食用过硬的食物，因为过硬的食物会损伤宠物的牙齿。同时，应选择适合宠物口腔健康的食物，如富含纤维素的食物。纤维素可以帮助清理宠物口腔中的食物残渣，减少牙菌斑和牙石的形成。适当的咀嚼物可以帮助宠物保持口腔健康，宠物可以通过咀嚼硬而有韧性的咀嚼物来清理牙齿表面，刺激唾液分泌，有利于牙齿的自清洁。可以选择宠物专用的咀嚼骨或其他硬质咀嚼物，但需注意选择合适的尺寸和材质，以避免卡在牙齿中或引发消化问题。

定期带宠物进行口腔健康检查也是必不可少的。兽医会仔细检查宠物的口腔状况，包括检查牙齿、牙龈和口腔黏膜等。如有需要，兽医还可以进行深层的口腔清洁和治疗，如牙石清除、牙齿修复等。定期体检不仅可以及早发现宠物口腔问题，也能预防其他相关的健康问题。除了以上的方法与技巧，还有一些其他的注意事项有助于宠物口腔的保健。第一，避免宠物咬硬物或玩耍时互咬，以免造成牙齿折断或受伤。第二，定期更换水碗并保持水源清洁，以避免细菌滋生。第三，避免给宠物食用过多的甜食，糖分易导致牙齿腐蚀，引发龋齿。

晓阳庆幸奇奇的牙结石还算轻微，在意识到宠物口腔卫生的重要性之后也立刻采取了行动。现在，晓阳的宠物都拥有了健康的微笑！

【小夏博士有话说】

宠物口腔护理的注意事项包括以下三点：

1.定期清洁和检查。每天刷牙或至少每周三次，使用宠物专用牙刷和牙膏；每年至少进行一次专业牙科检查和清洁，及时发现和处理口腔问题。

2.适当饮食和咀嚼玩具。给宠物提供有助于口腔健康的宠物食品和专用咀嚼玩具，减少其牙垢和牙石的形成，避免让宠物咬硬物，防止牙齿断裂或损伤。

3.识别和处理口腔问题。检查宠物口腔，注意异常症状如口臭、牙龈红肿、出血等；及时咨询兽医并采取适当治疗措施，确保宠物口腔健康。

5. 宠物的专属 SPA

"呼呼",晓阳正在用吹风机给刚洗完澡的巴克吹干毛发,然而,吹干后,巴克的身上却出现了一块一块的小皮屑。晓阳感到非常奇怪,难道狗狗也有头皮屑吗?于是,他便带着巴克一起去了宠物医院。

"小夏医生,你看我刚给巴克洗完澡,它的身上怎么会出现这么多皮屑呢?就和人的头皮屑一样,是不是我没洗干净?"晓阳焦急地问道。"巴克多久洗一次澡呀,平时都是你自己给它洗的吗?"一旁的小汪助理问道。"我自己给巴克洗的呀,每天都会洗。"晓阳回答道。"难怪它身上会有这么多皮屑呢。猫狗的皮肤比人类的皮肤角质层薄很多,每天洗澡会把狗狗皮肤上的油脂层洗掉,破坏它们的皮肤屏障,导致皮肤的抵抗力下降,更容易患皮肤病。一般推荐健康的狗狗洗澡频率不要超过一个月一次,甚至可以每两个月一次,当然,这也取决于狗狗的品种、毛发长度和季节等因素。此外,洗澡的时候还要注意水温,给狗狗洗澡的水温控制在38~42℃即可,水温太高也会导致狗狗的皮肤出问题。"小汪助理解释道。"除了洗澡频率和水温,还要注意给巴克洗澡的浴液要用宠物专用的浴液,用人的浴液可能会刺激到狗狗的皮肤,对于健康的狗狗可以选择一些具有保湿成分的;还有洗澡时要注意不要让耳朵和眼睛里进水,如果耳朵里进水不擦干的话可能会导致耳朵出现外耳炎,严重的话还会出现中耳炎。但是要注意,给狗狗掏耳朵的时候不要用棉签,有可能会把靠外的分泌物推到更深的耳道中,反而会使清理难度加大。另外,我看巴克的指甲很长,是不是你自己给巴克洗澡的时候都不给它剪指甲?狗狗的指甲也是要定期修剪的,太长的指甲会导致它们走路畸形和疼痛,严重的话还会出现脚掌感染和得趾间炎,尤其是不要忘记狗狗的悬趾也需要修剪,由于悬趾接触不到地面,因此它会比其他的指甲更长一些,所以一定不要忘记修剪,当然剪指甲的时候要注意不要剪到血线。"小夏医生补充道,并给巴克开了皮肤检查单。

"医生,我看检查单上好像没什么问题,细菌、真菌、寄生虫都显示未见。"晓阳拿着检查结果回到了诊室。"那就好,说明巴克目前的皮肤暂时还没出现感染的问题,除了洗澡的频率、水温、浴液的选择,以后你给巴克洗完澡后可以用吸水毛巾擦干,不滴水即可,避免过度吹干毛发和皮肤,吹得过于干燥会降低皮肤的'瘙痒阈值'。使用吹风机的时候不要使用太热的风,且吹风机可以离巴克远一些,太热的风会导致狗狗的皮肤过于干燥,从而出现皮肤问题。这次你回去先把巴克的洗澡频率、浴液、水温等问题调整之后,过一个月再来复查看看它的皮屑情况有没有好转。"小夏医生说道。听了小夏医生的建议,晓阳对宠物美容有了更加清晰的认识,惊叹道:"没想到给宠物洗澡还有这么多学问!"

在晓阳的悉心照料下,一个月后找小夏医生复查时,巴克的皮屑已经基本没有了,且毛发非常有光泽。"这样看来,巴克的皮屑问题确实是洗澡不当引起的。"小夏医生说道。晓阳非常开心,也在心里暗下决心,要把自己的经验与其他宠物主人分享,让更多人能够关注并学习正确的宠物美容知识,让宠物们都能享受到贴心的呵护,过上快乐健康的生活。

▲ 宠物的专属SPA

 【小夏博士有话说】

给宠物洗澡时,需要注意以下三点,以确保宠物的安全和舒适:

1.选择适当的洗澡用品和水温。使用宠物专用沐浴露,确保水温适中,避免过热或过冷。在洗澡区放置防滑垫,防止宠物滑倒受伤。

2.洗澡过程中的护理。洗澡前先梳顺毛发,祛除打结和掉落的毛发。轻柔按摩洗发水,避免洗发水进入宠物眼睛和耳朵,并彻底冲洗干净。使用护发素时,确保彻底冲洗干净。

3.洗澡后的处理。用毛巾擦干并用吹风机低温吹干宠物的毛发，避免长时间高温吹风。保持宠物温暖，特别是在寒冷季节，防止宠物感冒。洗澡后检查宠物皮肤和毛发状况，如有异常及时咨询兽医。

参考文献

[1] HODSON T，CUSTOVIC A，SIMPSON A，et al. Washing the Dog Reduces Dog Allergen Levels，But the Dog Needs to be Washed Twice a Week [J]. J Allergy Clin Immunol，1999，103（4）：581-585.

[2] MCDONALD S E，SWEENEY J，NIESTAT L，et al. Grooming-Related Concerns Among Companion Animals：Preliminary Data on an Overlooked Topic and Considerations for Animals' Access to Health-Related Services [J]. Front Vet Sci，2022，9：827348.

6. 打好疫苗针，少生很多病

在一个晴朗的早晨，文慧带着自己的小猫菲尔来到了小夏医生的宠物医院。菲尔是文慧前段时间收养的猫咪，今天来医院的目的是给菲尔做体检，但是文慧对疫苗接种有很多疑问和担忧，尤其是关于疫苗的安全性和接种后的不良反应，文慧听说有些猫咪会因为打疫苗而生病甚至死亡。因此，文慧找到了小夏医生进行咨询。

对于文慧的担忧，小夏医生并不感到意外。他微笑着安慰文慧说："很多宠物主人都有类似的担忧，这是很正常的。"小夏医生向文慧说明了猫咪需要接种疫苗的原因。他解释说："疫苗接种对于家养宠物来说非常重要，它可以帮助宠物抵抗各种病原体，如猫瘟、猫疱疹病毒和猫杯状病毒等。这些病原

体可能对猫咪的健康造成严重威胁，甚至致命。通过接种疫苗，可以大大减少猫咪感染这些疾病的风险或患病后的严重程度，一些疫苗还能够降低宠物感染人畜共患病并传播给人类的风险，如狂犬病。"

文慧听了小夏医生的解释后，感到稍微放心了一些，但她还有一个问题："那为什么

我听说有些猫咪在接种疫苗后生病甚至死亡呢？"小夏医生解释了关于疫苗安全性的问题，他说："任何医疗程序都有一定的风险，但正规厂家生产的疫苗是经过严格测试的，普遍认为是安全的。当然，就像人类接种疫苗一样，有些宠物可能会在打疫苗之后的几天内出现一些轻微的不良反应，如嗜睡、厌食、发热或者局部炎症，也有极少数的宠物可能会在注射后出现严重的不良反应，如呕吐、腹泻、呼吸窘迫、瘙痒、面部肿胀甚至休克，因此建议在注射疫苗后30分钟内留在医院密切观察，这样可以在出现急性疫苗反应的第一时间进行处置，但是这种情况极为罕见。有些猫咪可能对特定的疫苗成分过敏，或者由于其他健康问题而出现不良反应，所以在接种疫苗之前进行全面的健康检查非常重要。我们需要确保动物处于健康的状态，这样才能安全接种疫苗。此外，在接种疫苗后猫咪的免疫力会暂时下降，因此在注射疫苗后的几天内尽量避免洗澡、外出等易导致猫咪应激的操作。"

随后，小夏医生开始为菲尔进行体检。他仔细给菲尔做了检查，同时询问文慧关于菲尔的饮食和行为习惯。在体检过程中，菲尔表现得很乖巧，只是好奇地打量着周围的一切。体检结束后，小夏医生确认菲尔健康状况良好，可以进行疫苗接种。他向文慧解释了即将接种的每一种疫苗的作用，包括猫三联疫苗（预防猫瘟、猫疱疹病毒和1型猫杯状病毒）和狂犬病疫苗（预防狂犬病病毒），因为菲尔小于1岁，小夏医生还建议在菲尔的免疫程序中添加猫白血病病毒疫苗。

在进行疫苗接种时，小汪助理选择将疫苗注射在菲尔尾巴上。文慧非常疑惑，因为在印象里大家都是把疫苗打在背部。可能是看出文慧的不解，小汪助理解释道："当猫注射疫苗以后，有很小的概率会在注射部位长出'注射部位肉瘤'，因此选择注射在尾部或者四肢，这样即使出现了肿瘤也可以通过尾巴或

四肢来治疗，不会危及生命。"文慧感慨，原来打疫苗的位置也有这么多讲究。

接种完疫苗后，小夏医生给了文慧一些关于疫苗接种后护理的建议。他告诉文慧在接下来的几天里要观察菲尔是否出现异常反应，如持续的低热、食欲缺乏或异常行为。同时，他强调如果有任何不适的话应该立即联系医院。

在离开医院的时候，文慧感到了一丝轻松。她知道自己已经为菲尔的健康采取了重要行动，而且在小夏医生的帮助和指导下，她更有信心应对可能出现的任何问题。回到家后，文慧仔细观察菲尔。菲尔似乎并没有受到太大影响，仍然活泼好动，对周围的环境充满了好奇，这让文慧彻底放下了心中的顾虑。随着时间的流逝，菲尔在文慧的悉心照料下健康成长。每次回想起第一次去医院的经历，文慧都会感到一丝温馨和满足。她知道，为了菲尔的健康，自己作出了正确的选择。

 【小夏博士有话说】

1.疫苗接种的重要性。疫苗接种对家养宠物至关重要，可以帮助宠物抵抗如猫瘟、猫疱疹病毒和猫杯状病毒等病原体，减少宠物感染疾病的风险或减轻患病后的危害程度；某些疫苗还能降低宠物感染人畜共患病并传播给人类的风险，如狂犬病。

2.疫苗接种风险。宠物接种疫苗后可能会出现轻微的不良反应，如嗜睡、厌食、发热或局部炎症；极少数宠物可能会出现严重不良反应，如呕吐、腹泻、呼吸窘迫等，因此建议接种后留在医院观察30分钟，并且在接种疫苗后几天内避免洗澡、外出等容易导致应激的行为。

参考文献

[1] FORD R B，LARSON L J，MCCLURE K D，et al. 2017 AAHA Canine Vaccination Guidelines [J]. J Am Anim Hosp Assoc，2017，53（5）：243-251.

[2] STONE A E S，BRUMMET G O，CAROZZA E M，et al. 2020 AAHA/AAFP Feline Vaccination Guidelines [J]. J Am Anim Hosp Assoc，2020，56（5）：249-265.

7. 猫咪也有小情绪

每天下班回家，文慧最开心的时刻就是和菲尔一起玩耍。最近，文慧决定再增加一位宠物家庭成员，她领养了一只名叫波波的小狗。波波是一只可爱的迷你贵宾犬，活泼好动，对事物充满了好奇心。文慧希望菲尔和波波能成为好朋友，一起快乐地生活。

然而，事情并非如文慧所愿。自从波波来到家里后，菲尔开始表现出一些异常的行为。菲尔不再像以前那样亲近文慧，而是经常躲在角落里，显得有些焦躁不安。最让文慧头疼的是，菲尔开始在一些不恰当的地方排便和排尿，尤其是在文慧的床上和地毯上。文慧意识到了菲尔这些改变可能是波波到来导致的，这让文慧感到非常困惑和苦恼，她不知道该如何解决这些问题。在朋友的建议下，文慧决定带菲尔去宠物医院寻求帮助。

在听了文慧对菲尔目前问题的描述后，小夏医生首先对菲尔进行了全面的检查，检查结果显示菲尔的身体非常健康。在排除疾病因素后，小夏医生推断菲尔出现的很可能是行为问题，于是对文慧说："菲尔的行为变化

很可能就是波波的到来导致的。猫咪是领地性很强的动物，新宠物的加入可能会让它们感到自己的地位受到威胁。"随后，小夏医生详细询问了菲尔和波波在家中的活动规律、活动范围，家中重要宠物用品的摆放位置，文慧和菲尔玩耍的频率和时间等。在询问过程中，小夏医生发现了许多问题。

首先，小夏医生建议文慧采取一些措施来帮助菲尔适应有了新宠物之后的环境，他建议文慧在家中为菲尔和波波划分不同的活动区域，确保它们各自有足够的领地空间。其次，小夏医生发现原本菲尔猫砂盆所在的排泄区域距离波波的常待活动区域太近，这会使菲尔对去猫砂盆排泄感到焦虑，因此要调整猫砂盆位置，尽量将猫砂盆放在安静、气味少、波波去不了的位置，还要更加频繁地清理猫砂盆，让菲尔再次喜欢上猫砂盆，如果有条件还可以多放几个猫砂盆。对于几个菲尔经常会不当排泄的位置，如床上和地毯，小夏医生认为这代表着菲尔认为这几个区域相对安全，且它比较喜欢，所以要降低菲尔对这些位置的喜爱程度，可以使用一些含酶的清洁剂彻底清洗，去除这些位置的原有气味，再使用一些具有芳香的香味剂。

文慧按照小夏医生的建议，开始调整家中的环境。她深度清洗了家中几个曾经被菲尔不当排泄的位置，还在家中的不同位置放置了几个猫砂盆，并确保波波不能接近这些区域。同时，她也试图增加和菲尔的互动时间，给予它更多的关爱和安慰。几天后，文慧惊喜地发现，菲尔的行为开始有了改善。菲尔不再在床上和地毯上排泄，而是使用猫砂盆。它也逐渐适应了波波的存在，虽然还不会和波波亲近，但至少不再那么紧张和焦躁了。随着时间的推移，菲尔和波波之间的关系也在慢慢变好。虽然它们不会像好朋友那样玩耍，但已经能够和平相处了。文慧非常欣慰，她知道这一切都归功于小夏医生的专业指导。

通过这次经历，文慧不仅意识到了作为宠物主人的责任，也学会了如何更好地理解和照顾自己的宠物，尤其是在引入新宠物时如何处理与宠物之间的关系。

▲ 猫咪的领地意识

故事的结尾，文慧坐在客厅的沙发上，菲尔静静地躺在她的腿上，而波波则躺在地板上，安静地看着他们。文慧感到非常满足和幸福。她的家再次恢复了和谐与平静，而她的两个宠物菲尔和波波也建立了良好的关系。

【小夏博士有话说】

猫咪出现不当排泄的行为，要从以下几个方面来排查和解决问题：

1.排除潜在疾病。对于室内不当排泄的猫咪，首先要排除潜在的疾病，如下泌尿道疾病、糖尿病等。老年猫咪的不当排泄行为也可能是由于骨关节炎导致的疼痛，无法进入猫砂盆。

2.行为问题的原因。若不当排泄由行为问题引起，要考虑猫咪对猫砂盆的厌恶原因，如猫砂盆附近不安全、猫砂盆脏、过小或有异味，或者猫咪不喜欢猫砂。

3.纠正方法。解决猫咪厌恶猫砂盆的问题可以通过经常清洁猫砂盆、选择适合猫咪体型的猫砂盆、增加猫砂盆数量（猫咪数量加1）、确保猫咪在使用猫砂盆时不受打扰和选择猫咪喜欢的猫砂盆等措施来解决。

4.清洁污染区域。对不当排泄污染的区域进行彻底清洁，使用含酶的清洁剂消除气味；可以通过改变该区域的用途（如放置猫窝或食盆）来减少猫咪的排泄行为。

8. 危险的无形"杀手"——应激

每年的打疫苗和体检对雅琴家中的球球来说都是一场恐怖的经历。每次在前往宠物医院的路上,以及到了宠物医院以后,球球都异常激动和恐惧,去年甚至抓伤了几位兽医。最近,又到了球球打疫苗和体检的时间,这让雅琴非常苦恼,不知道该怎么办。

在朋友的建议下,雅琴决定寻求一些专业帮助。她来到宠物医院找到小夏医生进行咨询。小夏医生在动物行为学方面经验丰富,对于处理宠物的就诊焦虑有着自己独到的见解。见到小夏医生后,雅琴向小夏医生详细描述了球球以往在医院的表现。

在听完雅琴的介绍后,小夏医生提出了一些建议。首先,他建议在带球球来医院之前,提前一周开始进行准备工作。包括在家中模拟医院的环境,如在家中使用医用消毒液来让球球熟悉味道,以及播放一些医院中可能会出现的声音,如其他猫狗的叫声,让球球逐渐适应。

在交谈中小夏医生还得知,每次当雅琴要拿出猫包带球球去医院时,球球就会表现得很焦虑,还会迅速躲藏起来。针对这一点,小夏医生建议平时就将猫包放在球球常待的位置,还可以向猫包中喷一些费洛蒙(一种信息素)增加吸引力。适应几天以后,开始在靠近猫包的地方陪球球玩耍、喂一些零食，让球球逐渐在猫包附近能处于轻松和平静的状态，直到它开始主动进入猫包内。接着尝试将球球关在猫包内一段时间，从几秒钟到几分钟再到更久，在猫包内放一些猫咪喜欢的零食和玩具，直到猫咪能够平静放松地待在关闭的猫包中。

适应猫包只是第一步，接下来还要让球球适应汽车，提着装着球球的猫包进入车内以后需要进行多次短程驾驶练习，让球球逐渐接受并适应在车里的感觉，逐渐增加其在车内的时间。在出门之前可以按照医生建议，给球球服用加巴喷丁，这是一类有镇静效果但相对安全的药物。如果球球在脱敏过程中表现出焦虑、不安，就要立刻进行一些让它能感到舒适的操作，并且停止当前的练习。

在球球适应了猫包与车内环境后，下一步就是要适应宠物医院的环境。除了我们之前讲的在家中提前适应宠物医院环境，还要带球球实地来到宠物医院进行脱敏。需要经常带球球来到宠物医院做一些不涉及医疗操作（如打针、抽血等）的就诊，在医院中尽量留下一些正面体验，如温柔抚摸、玩耍、给一些喜欢的零食等。按照相同的流程缓解球球对陌生人及医疗操作的恐惧。

最后也是最重要的一点，一定要选择一家经过相关机构认证的"猫友好医院"，确定所有宠物医生和操作人员都经历过"猫友好培训"。说到这里，小夏医生带雅琴参观了医院内的"猫友好设施"：在小夏医生的医院内设有专门的猫候诊区域，这里与狗和其他动物的候诊区域隔开，不会有过多的噪声和气味。在医院的各处角落都可以看到费洛蒙扩散器。雅琴还发现，这里的工作人员在接触猫的时候动作都很轻柔，说话声音也尽可能很小，在接近猫咪的时候并非从正面而是从侧面缓慢靠近。

听了小夏医生的讲解，雅琴感慨万千，她没有想到单单带猫咪来医院这么一件小事，竟然有这么多说法，但她决心为了球球的健康作出改变。随后雅琴开始按照小夏医生的建议，一步一步地改变了球球对去宠物医院的恐惧心理，球球逐渐表现出更加放松的状态。到了去宠物医院的日子，雅琴发现球球虽然仍然有些紧张，但已经没有了过去的恐慌和攻击行为了。

在医院，小夏医生和小汪助理对球球进行了细致的检查，他们使用了最温和的语气和最轻柔的动作，避免让球球感到害怕。最终在小夏医生的帮助下，以及雅琴的努力下，球球顺利完成了疫苗接种和体检。

▲ 猫包——猫咪的安全地带

【小夏博士有话说】

对于宠物医院就诊的恐惧会对宠物健康产生巨大影响,应激不仅对患病宠物的身心健康有害,还对宠物主人、疾病诊治与护理有很大影响。在就诊期间存在负面印象的宠物可能在下次就诊时感到更加恐惧和痛苦。因此存在此类问题的宠物需要及时进行环境改造与行为训练,必要时听从兽医建议服用镇静药物。

参考文献

[1] HEATH S. Environment and Feline Health:At Home and in the Clinic [J]. Vet Clin N Am-Small,2020,50(4):663.

[2] BUFFINGTON C A T,BAIN M. Stress and Feline Health [J]. Vet Clin N Am-Small,2020,50(4):653.

[3] STRICKLER B G. Helping Pet Owners Change Pet Behaviors An Overview of the Science [J]. Vet Clin N Am-Small,2018,48(3):419.

9. 除虫大作战

临近年终，雅琴和文慧想要趁宠物超市大促销时为自己的爱犬和爱猫选购一批驱虫药，看着琳琅满目的产品她们却犯了难，光是驱虫药剂的类型就分为滴剂、喷剂、项圈、口服药片等，两人将求助的目光投向了今天正好在超市做志愿者的小汪助理。

小汪助理戴着一副大眼镜，看上去既专业又亲切："你们是在选择驱虫药上遇到了困难吗？"雅琴回答："是的，种类实在太多了，我们真不知道该选哪种。"小汪助理点了点头："驱虫是非常重要的步骤，选择合适种类的驱虫药很关键。例如，滴剂对付体外寄生虫非常有效，如跳蚤和蜱虫。而口服药片则主要用于驱赶体内寄生虫，如肠道寄生虫。项圈主要针对体外寄生虫，保护效果持续时间较长，而喷剂主要用于突击杀虫。"

雅琴和文慧互相看了看，显然对小汪助理的解释很满意。"那么，我们应该怎么选择呢？"雅琴问。小汪助理回答道："首先要考虑宠物的具体情况，如年龄、体重和生活习惯，据此选择剂型和剂量，目前没有一种驱虫药可以有效控制所有的寄生虫，不同的宠物可能需要不同的驱虫策略。"

雅琴问："我家只养了几只猫咪，平时也没有带它们出门的习惯，都是在家活动，但是之前就诊的时候它们对服药特别抗拒，我应该怎么选择呢？"小汪助理回答："对于这种宅家的猫咪或者狗狗，选择基础的常规药物就可以满足驱虫需求，喂药比较困难的话可以选择内外同驱的外用滴剂。"文慧接着问："我家比较复杂，家里既有狗狗也有猫咪，而且平时我出门玩都会带着它们。"小汪助理略微思考："经常外出的动物感染寄生虫的风险会大大提高，宠物们很容易通过粪口途径、皮肤途径、虫媒叮咬等途径感染各种寄生虫，因此，驱虫尤为重要，可以选择口服药片进行内驱，同时搭配滴剂进行外驱，也可以选择内外同驱的滴剂。对于外出的宠物，建议搭配驱虫项圈防止跳蚤、蜱虫等的叮咬。猫狗双全的家庭尤其要注意区分驱虫药的种类，避免猫狗驱虫药混用，主要是因为一些犬用驱虫药含有对猫咪有毒的成分，如菊酯，可能会引起猫咪呕吐、出现神经症状等，严重时甚至会致命。"

　　文慧睁大了双眼，之前在购买驱虫药的时候只关注过是猫用还是狗用，却不知道背后还有这些原因，两人购买完心仪的驱虫药后，小汪助理嘱咐道："很多皮肤滴剂是通过皮脂腺吸收的，所以驱虫前后2~3天尽量避免给宠物洗澡，多宠家庭用药之后应该避免宠物相互舔舐，可以先佩戴项圈或者穿上小衣服，将宠物隔离开，待药物吸收完全后再相互接触。"

　　这次驱虫药购物让雅琴和文慧收获良多，驱虫不仅为了宠物的健康，也是为了家人的健康，两人决定养成定期给宠物驱虫的好习惯，学习驱虫相关小知识，一起打赢这场除虫大决战！

▲ 驱虫大决战

  【小夏博士有话说】

1.驱虫时机选择。在进行驱虫前,确保宠物没有贫血、虚弱、营养不良或生病等状况,避免因身体虚弱而引发不良反应。若因寄生虫引起疾病,应选择安全性高的药物进行治疗。

2.口服药物敏感性。对口服药物敏感的猫狗,可选择外用内驱或内外同驱的药物,减少胃肠道不适。若出现胃肠道反应,大多数情况下不需干预,若症状持续或加重,应及时就医。

3.猫狗驱虫药避免混用。菊酯类外用药物对猫咪有毒,猫狗同饲家庭应避免使用此类药物,以防猫咪发生药物中毒。

4.外用药物的舔舐问题。外用驱虫药物可能导致宠物舔舐后出现流口水、呕吐或腹泻等症状,特别是多猫家庭,应避免宠物舔舐药物部位,以防消化道不适。

参考文献

[1] 元晓琪,周淑贞,寇贺红. 猫狗驱虫滴剂浅述 [J]. 中国畜牧兽医文摘,2018,34(2):251.

[2] LEE AC,SCHANTZ PM,KAZACOS KR,et al. Epidemiologic and Zoonotic Aspects of Ascarid Infections in Dogs and Cats [J]. Trends Parasitol,2010,26(4):155-161.

[3] 刘蓓,冯晓微,孙艳,等. 宠物常用免疫程序及驱虫方法 [J]. 今日畜牧兽医,2021,37(11):57-58.

10. 宠物的健康通知书

从雅琴的大学时代起，调皮的狸花猫小核桃就已经是家庭的一分子了。多年来，这只聪明且个性独特的猫咪陪伴雅琴经历了从校园到工作的人生重要阶段。但随着时间的推移，雅琴注意到她的小伙伴似乎不再像以往那样活跃，这让她意识到，小核桃如同人类一样，也在逐渐衰老。想到公司最近进行的员工年度体检，雅琴决定也给小核桃安排一份体检套餐。

在得知雅琴的来意后，小夏医生说："动物天生倾向于隐藏不适，狸花猫作为传统的田园猫更是如此，加上性格使然，在与家人互动时，总是显得很开心，这可能掩盖了它们独处时的不适。"雅琴回答："是的，最近它似乎不像以前那样活跃，我很担心它的健康状况。"

小汪助理在一旁辅助小夏医生对小核桃进行了详细的体格检查，包括体温监测、眼睛、耳朵、口腔检查和心肺音听诊，发现小核桃有轻度的脱水，小夏医生根据检查的结果建议后续进行血液学检查和影像学检查。"这个年纪的猫咪最常发的是慢性肾病，我们建议进行血液学检查，包括血常规和重点的肝、肾生化指标检测，并利用超声观察肝、肾形态，在超声引导下取样进行尿液检查。根据听诊结果，心音没有明显的问题，我们建议进行心电图检查。"雅琴听了点头同意，她知道这些检查对小核桃来说至关重要。

在体检的过程中，雅琴紧张地等待着，默默为这个多年陪伴她的小伙伴祈祷。幸运的是，心电图显示，小核桃的心脏功能正常。血液指标显示，肝脏和肾脏功能都在正常范围内，但超声检查发现，它的一个肾脏略微萎缩，这是慢性肾病的早期征兆。听到这个消息，雅琴心里既感到宽慰又有些担忧。小夏医生安慰她说："慢性肾病是老年猫常见的问题，按照目前的指标无需过度担心，小核桃依然可以过上健康的生活，之后需要定期复查，监测疾病的发展趋势，并在必要的时候进行干预。"

对于雅琴这种多猫或者多犬的家庭，小夏医生给出了针对宠物不同年龄段的体检建议：对于幼年动物（1岁以前），至少每半年进行一次体检，体检安排可以与疫苗接种的时间相结合。对于1~7岁的成年动物，至少每年体检一次，可以与疫苗接种、牙齿清洁的时间相结合，这有助于建立针对不同个体的健康参考值。而对于老年动物（7岁以后），建议至少每半年进行一次体检。

在回家的路上，雅琴思考着如何调整家中的环境，让小核桃生活得更加舒适。她决定购买一些低盐的特殊猫食，并计划在家中多放一些水盆，鼓励小核桃多饮水。她还计划为小核桃设置一个安静舒适的休息区，让它能够在这样的环境中更加放松。

这次体检经历不仅让雅琴意识到了定期体检对宠物健康的重要性，更加深了她与小核桃之间的联系。小核桃可能不再像年轻时那样活跃，但雅琴知道，她会尽自己最大的努力，确保这位多年的朋友能够健康快乐地度过余生。毕竟，对于雅琴来说，小核桃不只是一只猫，它是她生活中不可或缺的一部分，是她宝贵记忆中的重要内容。

▲ 体检的重要性

 【小夏博士有话说】

针对不同成长阶段的猫狗，体检的频率也有所差异：

1.幼年动物（1岁以前）免疫系统尚未完全发育，因此至少每半年应进行一次全面体检，可结合疫苗接种同步进行。

2.成年动物（1~7岁）健康状况较为稳定，但仍需每年体检一次，检查可以与定期疫苗接种和牙齿清洁相结合，以便建立个体化的健康参考值，及时发现潜在问题。

3.进入老年阶段（7岁以上）后，宠物身体机能逐渐衰退，建议至少每半年体检一次，重点关注慢性疾病和器官功能变化。

这样的定期检查计划，可以帮助宠物主人更好地监控宠物健康状况，确保它们享受高质量的生活。

11. 消失的"蛋蛋"

雅琴最近非常苦恼，春天到了，家里的猫咪变得非常躁动，尤其是皮蛋，总是上蹿下跳，和别的猫咪打架，时不时还给雅琴的床单留下一份尿渍大礼包。在第五次下班被迫打扫卫生后，雅琴决定提前为皮蛋送上一岁的生日礼物——一份绝育套餐。

皮蛋是一只英国短毛猫，雅琴一直担心绝育会让它变成一只"小煤气罐"，迟迟没有下定决心，由于之前的猫咪被领养的时候都已绝育，雅琴还是第一次经历这个过程。一时脑热之后，冷静下来的雅琴还是认真查询了相关资料，原来猫狗一些疾病的发生与激素密切相关，尽早进行绝育有助于防止例如乳腺肿瘤、会阴疝、子宫蓄脓等疾病发生，避免出现意外的交配和怀孕，还可以改变动物的行为，如标记领地、爬跨和争斗等。有的宠物会因为想要寻找伴侣而出现离家出走、跳楼的情况，"这个绝育势在必行了！"雅琴心想，"不能因为这件事情冒跳楼的风险。"但麻醉的风险和绝育后可能发胖的问题又确实让人担忧，犹豫不决的雅琴决定趁周末去宠物医院找小夏医生咨询。

小夏医生听了雅琴的担忧，向她解释道："确实，绝育的风险主要可以概括为手术麻醉和发胖风险，但随着医疗技术的发展，通过术前检查、先进的吸入麻醉技术及麻醉师的一对一监护，尽可能降低风险，而对于健康的宠物，术后的并发症也一般是轻度和自限性的，宠物主人应选择正规机构进行绝育手术，降低因不良操作而导致并发症发生的概率。至于发胖问题，手术后，宠物的新陈代谢会发生变化，运动频次会减少，因此确实可能出现术后肥胖。但是可以通过科学饲喂和饮食调整，如减少进食量、选用绝育后处方粮和增加运动来控制宠物体重。""它会很疼吗？会不会跟我记仇啊，怪我剥夺了它猫生的快乐？"雅琴诚恳地发问。

"不用担心"。小夏医生耐心回答，"绝育手术的术前、术中、术后都会给予镇痛药，而猫咪的所谓'记仇'也大多是因为疼痛、紧张和不适，它并不理解什么是绝育，本身也没有性别的自我认识，性行为及寻找伴侣也仅仅是以生殖为目的，绝育过程所带来的这一点伤害是为了让宝贝今后避免经受更大的痛苦。"

经过和小夏医生的一番交谈，雅琴为皮蛋预约了绝育手术，并在当天进行了包括血常规、生化、抗体检测、凝血功能、心电图、血压等检查，结果显示皮蛋一切正常。第二天，雅琴根据小夏医生的嘱咐，手术前6~8小时禁食，2~4小时禁水，带着皮蛋熟悉的猫包和小毛毯，出门时还使用了减少应激的体外信息素。公猫绝育手术非常快，一个小时后皮蛋就被送进了术后监护室。"手术一切顺利"，小夏医生说。"之后需要佩戴两周左右的'伊丽莎白圈'，防止它舔舐伤口，术后4天复查伤口。公猫的伤口很小，没有缝合，不需要进行拆线操作，如果有任何异常请随时就诊。现在咱们要做的是注意保温，适当给予它安抚，观察两个小时，完全苏醒后没有发现任何异常就可以回家了。"

回家之后的几天，皮蛋一直试图扭头查看屁屁的异常感觉究竟是怎么回事，但讨厌的"伊丽莎白圈"一直阻碍着它，努力了几次皮蛋放弃了挣扎，把消失的"蛋蛋"抛在了脑后，通过雅琴循序渐进的换粮，皮蛋已经完全爱上了新口味的猫粮。雅琴的家终于又恢复了往日的安静。

▲ 宠物绝育的优劣势

【小夏博士有话说】

对猫狗进行绝育有优点也有缺点，需要宠物主人慎重考虑后决定。

1.绝育手术的主要风险包括麻醉风险和术后肥胖。现代医疗技术通过术前检查、先进吸入麻醉及专业监护，已显著降低麻醉风险；对于健康动物，术后并发症通常是轻微且自限性的。

2.选择正规机构进行手术可进一步减少不良操作引发的并发症。

3.至于肥胖问题，绝育后动物新陈代谢减缓，运动量可能减少，确实易导致体重增加。但宠物主人可通过科学喂养、调整饮食（如使用绝育后专用处方粮）和增加运动来有效控制宠物体重。

绝育有助于预防生殖系统疾病，稳定宠物性格，长远来看对宠物健康有益。

宠物的"隐形威胁"

——人畜共患病的预防与早期识别

12. 太阳虽好，不能多晒

临近盛夏，城市热得像个大蒸笼，即使是太阳快要落山了温度也丝毫不减。这样的高温天气不仅给人们带来不小困扰，对宠物也是一场考验。

一天傍晚，小夏医生和小汪助理刚刚结束了一天的工作准备下班，突然，宠物医院的门被急促地推开，文慧带着她的金毛寻回犬毛毛焦急地冲了进来，毛毛看起来状态很差，躺在地上，全身无力而且呼吸急促。

文慧急切地向小夏医生说明情况。原来，她今天傍晚像往常一样带着毛毛去公园散步，并带上了新买的飞盘。毛毛一看到飞盘就兴奋不已，丝毫不受炎热天气的影响，开始在草地上奔跑追逐。但玩了1个小时后，文慧注意到毛毛行动越来越缓慢，全身变得非常热，而且不断地流口水、大喘气，最后倒在地上站不起来。文慧意识到情况不对，慌乱中她试图给毛毛喂水，但毛毛已经没有力气吞咽。看着毛毛痛苦的样子，她才意识到问题的严重性，赶忙带毛毛来到宠物医院。

听完文慧的叙述后，小夏医生和小汪助理立刻意识到毛毛可能中暑了。他们迅速将毛毛抬进急救室并开始进行急救——对毛毛进行物理降温和输液治疗。在小夏医生和小汪助理的快速反应和专业处理下，毛毛的体温逐渐降了下来，呼吸也开始平稳。虽然毛毛的状况暂时稳定下来，但仍需要进一步地观察和治疗。小夏医生在急救后，耐心地向文慧解释了毛毛中暑的原因。毛毛是因为长时间在高温环境中剧烈运动，体温迅速升高，最终发生了中暑。多亏及时就诊、及时治疗才使毛毛脱离了危险，但以后一定要注意，不能让狗狗在高温环境中待太久，更不能长时间剧烈运动，况且毛毛身上还有厚厚一层毛。文慧很懊悔自己没有做好功课，导致毛毛陷入危险。她每天都会来医院看望毛毛，并从小夏医生和小汪助理那里学到了许多关于照顾宠物的知识，尤其是在炎热的夏季如何保护狗狗免遭中暑的威胁。

  在接下来的几天里，毛毛在小夏医生和小汪助理的悉心照料下逐渐好转。出院后，文慧开始调整自己和毛毛的生活习惯。首先，文慧改变了遛狗的时间。她选择在凉爽的清晨和太阳下山后的夜晚带毛毛出去散步。这样不仅可以避开高温时段，也让毛毛能够在更舒适的环境中享受户外活动。散步时，文慧总是带上一个便携水壶和碗，确保毛毛能随时喝到新鲜的水。其次，文慧对家里的环境也做了改善。每天离开家前，她都会为毛毛打开空调，确保家里的温度保持在一个舒适的水平。文慧还在家里准备了几个大水碗，放在毛毛容易到达的地方，确保它在家中能随时饮水。最后，文慧还为毛毛购买了一张专用的冰垫，这张冰垫被放置在毛毛最喜欢的休息角落里。在炎热的夏日，冰垫能给毛毛提供一个凉爽舒适的休息地点。毛毛特别喜欢这张冰垫，经常躺在上面，悠闲地打着滚。文慧开始更加关注毛毛的饮食，她根据小夏医生的建议，为毛毛准备了更多清淡易消化的食物，减少了高脂肪和高蛋白的食品，以帮助毛毛更好地应对高温天气。

  文慧的这些改变，不仅让毛毛的生活质量得到了提升，也让文慧自己更加意识到自己作为宠物主人的责任。她也开始与其他宠物主人分享自己的经验，提醒他们在夏季要特别注意宠物的防暑降温。

【小夏博士有话说】

酷热和暴晒的天气，对于汗腺稀少、皮毛厚重的宠物来说，中暑是随时有可能发生的危险情况，绝对不可以忽视！

1.避免高温时或阳光直射时遛狗，尽可能在相对凉爽的早上或晚上牵遛。夏日遛狗时间适当减少，不要进行长距离的剧烈运动，中途寻找阴凉地，或为爱宠采取遮阳措施。

2.一些容易中暑的品种如短头动物、老年动物、肥胖动物、心肺功能存在异常的动物或毛发厚重的动物，更应避免在炎热天气出门。

3.汽车是隐形"杀手"！即使打开车窗，车内温度也很容易急剧升高。所以任何情况下，都不要把宠物留在车里。

4.浅色皮肤的宠物更容易晒伤，外出时应注意避免宠物被晒伤。

5.始终为宠物提供充足、干净的饮水，可以在水碗中放冰块降温。主人不在家时，也要记得打开空调或风扇，营造凉爽环境，必要时准备一块冰垫。

参考文献

[1] KENNETH J, DROBATZ, KENNETH J, et al. Textbook of Small Animal Emergency Medicine [M]. Manhattan：Wiley，2019：942-948.

[2] DEBORAH C, SILVERSTEIN, HOPPER K. Small Animal Critical Care Medicine [M]. St. Louis，Missouri：Elsevier，2015：3148-3162.

13. 狗狗也"疯狂"

吃过晚饭,晓阳带上巴克在小区里散步,这是巴克最喜欢的娱乐活动。突然,晓阳注意到了一个奇怪又陌生的身影——一只黑色的田园犬口涎直流,走路摇摇晃晃。见此情形,晓阳心中有了不好的猜测,他隐约记得小夏医生曾描述过狗狗感染狂犬病的症状就是如此。想到这,晓阳立马带巴克回家并向小夏医生打电话咨询。

听了晓阳的描述,小夏医生再次详细地向晓阳介绍犬类患狂犬病时的可能症状:狂犬病潜伏期为12~360天,多为2~8周,出现症状的时间与感染部位至脑部的距离有一定关系。在狂犬病前期,患犬多藏于黑暗处,体温微升,瞳孔散大,角膜反射迟钝;中期患犬表现为畏光、敏感性和兴奋性增强、不喜欢被触摸、不安、无目的地走动或狂跑、乱咬,处于这一时期的狗狗危险性最大;疾病后期,可见患犬由于喉部麻痹,出现变声或发音困难,因咽麻痹而唾液外流,因下颚肌肉麻痹而下颚下垂,有的可见第三眼睑突出、散开性斜视、瞳孔缩小,甚至步行失调、全身麻痹、抽搐以至于死亡。小夏医生强调:"任何未经免疫的动物在发生急性、快速恶化的神经系统疾病时,都应怀疑是狂犬病毒的感染。"晓阳回想今天遇见的那只奇怪的犬从未在小区里见到过,想来是附近的流浪犬,很可能携带狂犬病毒,幸好自己没有贸然前去查看。

▲ 感染狂犬病毒的狗狗

小夏医生对晓阳的冷静睿智表示称赞，狂犬病是严重的人畜共患病，遇到疑似患犬，万万不可私自处理，要立即向当地畜牧兽医主管部门报告。结束了与小夏医生的通话，晓阳立马拨通了畜牧兽医主管部门的电话，向该部门报告此事。

解决此事后，晓阳刚松了一口气，就接到了小汪助理的电话，原来是又到了巴克接种狂犬疫苗的日子，小汪助理强调："猫狗需要在12周龄后接种狂犬疫苗，然后在一岁时加强免疫，后续可根据疫苗的特性和当地的流行情况，每1~3年加强免疫一次。"晓阳想到，上次带巴克接种疫苗已经是一年前的事情，附近又有流浪犬只出没，于是立马带上巴克前往宠物医院加强疫苗免疫。

【小夏博士有话说】

1.预防狂犬病的有效措施：定期给宠物注射狂犬疫苗，不但可以减少狂犬病，还能减少被宠物咬伤病人的接触后预防需求。世界卫生组织也表示，消除犬源性狂犬病是彻底消灭狂犬病的根本。

2.被宠物抓伤或咬伤后处理方式：人狂犬病最常见的传播方式是通过感染性物质（通常为唾液）直接接触人体黏膜或皮肤破损处进行传染。受伤后，应立即用肥皂和水、洗涤剂、聚维酮碘消毒剂或可杀死狂犬病毒的其他溶液彻底清洗和冲洗伤口15分钟以上。此外，在医生的指导下进行狂犬疫苗接种及免疫球蛋白注射。

📖 参考文献

[1] 夏兆飞. 小动物内科学 [M]. 北京：中国农业大学出版社，2019.

[2] KUMAR A，BHATT S，KUMAR A，et al. Canine Rabies：An Epidemiological Significance，Pathogenesis，Diagnosis，Prevention，and Public Health Issues [J]. Comp Immunol Microbiol Infect Dis，2023，97：101992.

[3] ZHU WY, LIANG G D. Current Status of Canine Rabies in China [J]. Biomed Environ Sci，2012，25（5）：602-605.

14. 一场肚子里的"风暴"

晓阳回忆起小狗巴克4个月大的时候,曾受到腹泻的困扰。那时候巴克来到晓阳家,就时常出现腹泻、软便的症状。晓阳悉心地照顾了一个多月,症状还是没有改善,便寻求小夏医生的帮助。

小夏医生在了解了巴克的情况后,怀疑巴克有肠道寄生虫的感染,所以安排小汪助理进行一系列的检测,最终在巴克的粪便中发现了贾第虫。晓阳疑惑地问道,我们家很注意进行驱虫处理,已进行了体内和体外驱虫,为什么还有寄生虫病?小夏医生耐心地解释道:"贾第虫不同于其他肠道寄生虫,常规的驱虫药无法驱除贾第虫。"

贾第虫是一种原虫,属于单细胞生物,在猫狗中主要寄生于十二指肠、空肠及回肠前段,可引起猫狗的小肠性腹泻。人和动物都可能被感染,每年造成约2.8亿人感染,不同种类的贾第虫可以感染不同的动物。近年来,在世界各地的人类、非人灵长类动物、反刍动物、伴侣动物、家畜、野生动物中都曾检测到贾第虫的存在。其感染后常引起腹泻、腹胀、吸收不良和体重减轻等症状,无症状感染的情况也很常见。目前已知的贾第虫有8种集聚体，分别命名为A、B、C、D、E、F、G、H。猫常感染F型，犬常感染C、D型，而人类常感染A、B型。

猫狗的贾第虫感染率因测试的对象、研究的区域、使用的诊断方法和动物的健康状况不同而有差异。有研究表明，健康或临床患病的狗狗或猫咪的患病率，通常在5%~15%。近年来，中国多个地方相继报道了贾第虫感染的病例。猫咪的平均感染率为10.19%。A和F型在猫咪中最为普遍，B、C和D型在猫咪中也有报道。

贾第虫主要通过粪—口途径传播，意味着患宠排便时，粪便中可能存在具有传染性的包囊。这些排出的包囊可在环境中存活数月且感染性很强，只需几个包囊就能引起猫狗感染。含有包囊的粪便被别的猫狗接触时，就有可能被传染。除了粪—口途径直接传播，还有以下感染可能性：猫狗食用被污染的水和食物；猫狗外出时接触到环境中的包囊；多宠家庭，有一只宠物感染，可相互感染。

摄入包囊的动物通常在一周后出现临床症状，绝大多数狗狗和猫咪感染后，粪便中虽有卵囊排出，但无特别明显的临床症状。少数成年犬感染后，呈短暂的间歇性腹泻或慢性腹泻，排出含大量泡沫样的稀便，且粪便恶臭，颜色暗淡或呈脂肪痢；宠物精神沉郁，食欲减退，渐进性消瘦及贫血、呕吐，体温一般不高。幼龄犬感染后的症状较严重，表现为精神沉郁，并有间歇性腹泻，且腹泻2天后开始出现脱水、消瘦等症状。幼猫可见腹壁胀气、大便黄色糊状、肛门松弛、被毛粗糙，偶有带血或果冻样稀便。

【小夏博士有话说】

贾第虫感染经过正确治疗，治愈后大多良好，但贾第虫很难完全清除，包囊可以存留于环境中，且污垢和粪便对其具有保护作用，极有可能导致再次感染。因此，防止粪便污染环境对预防再次感染至关重要。

1. 确保饮水清洁和环境清洁，经常清扫粪便，并保持环境干燥。

2. 建议对环境及物品进行消毒，包囊对季铵盐类消毒剂非常敏感，但对次氯酸（漂白剂）具有耐受性。

3. 多宠环境下需要同时对无症状携带者和患病宠物进行治疗。另外，当贾第虫与潜在免疫抑制性疾病同时存在时则很难消除。

参考文献

[1] CAPEWELL P，KRUMRIE S，KATZER F，et al. Molecular Epidemiology of Giardia Infections in the Genomic Era [J]. Trends Parasitol，2021，37（2）：142-153.

[2] 眭玉珍. 河南省部分地区宠物猫肠道寄生虫的感染及三种肠道原虫的分子流行病学调查 [D]. 郑州：河南农业大学，2023.

[3] 杨立娟. 上海地区伴侣动物和实验动物三种致腹泻肠道原虫分子流行病学研究 [D]. 长春：吉林农业大学，2021.

[4] 秦雪宁. 马齿苋醇提物通过 Wnt/β-catenin 通路在贾第虫感染宿主细胞中的免疫调节作用 [D]. 哈尔滨：东北农业大学，2023.

15. 猫咪粑粑的隔夜危机

在一个阳光明媚的下午，雅琴接到了她的好朋友苏菲的电话。苏菲的声音听起来有些沮丧。她刚刚得知自己怀孕了，家里的长辈则因为担心她患弓形虫病的风险，劝她不要再养猫了。陪伴苏菲多年的猫咪叫蓝蓝，家人的压力和对蓝蓝的爱让苏菲陷入了两难。雅琴安慰苏菲，建议她先不要做决定，而是带蓝蓝去做个体检，看看是否真的有弓形虫感染的问题。

两人来到了宠物医院。小夏医生在检查完蓝蓝后，对她们来到医院做检查的人畜共患病防控意识表示肯定。"弓形虫病是由一种叫作弓形虫的原虫引起的。"小夏医生解释说，"这种寄生虫主要在猫的体内繁殖，但它们的感染范围非常广，几乎包括了所有的温血动物，当然也包括人类。猫咪通常通过捕食受感染的小动物或食用受污染的食物感染弓形虫。"

小夏医生继续说："对于大多数健康的成年人来说，弓形虫病通常是无害的，甚至可能不会有任何症状。但对于孕妇来说，情况就不同了。如果孕妇首次感染弓形虫病，可能会对胎儿造成威胁。"

苏菲听后越发紧张，但小夏医生接下来的话又为她带来了一丝希望："不过，只要采取一些预防措施，你们就可以安全地和猫咪相处。"小夏医生详细地讲解了预防措施，包括经常清洁猫砂，避免喂养生食和未充分煮熟的食物，以及定期为猫咪做驱虫、体检等。通过这些简单而有效的措施，孕妇与猫咪之间的亲密关系可以得到保护，同时也确保了母婴的健康安全。

小汪助理补充道："猫咪排出的感染性卵囊在体外合适的温度和湿度下发育2~4天后才具备感染性，所以想要感染弓形虫，也没有想象中的那么简单，首先需要一只弓形虫阳性的猫且猫咪正处于排出弓形虫卵囊的时期，而带有卵囊的猫咪粪便又恰好没有及时处理，在合适的温度下存放了几天，这个粪便又很不幸地被人误食才可能受到感染。"

小夏医生为蓝蓝进行了弓形虫的检测，最终结果一切正常，蓝蓝并没有感染弓形虫，这让苏菲如释重负。小夏医生还嘱托道："怀孕期间猫咪应减少外出频率，避免携带病原回家，家庭成员也不要与猫咖的猫或与其他不确定健康状态的猫接触。日常猫咪的喂食、铲屎等工作建议尽量避免自己去做，进一步降低风险。"苏菲决定按照小夏医生的建议，继续照顾蓝蓝，同时也保护好自己和未出生的宝宝。

小夏医生和雅琴的建议不仅帮助苏菲解决了难题，也加深了她对宠物健康的认识。而对于苏菲来说，这次经历更是加强了她与蓝蓝之间的情感纽带。

【小夏博士有话说】

弓形虫不仅是猫咪的潜在威胁,也是我们人类健康的隐形敌人。与宠物共同生活的同时,别忘了做好防护措施。健康从细节做起,守护自己,也守护我们的毛茸茸伙伴!避免弓形虫感染的要点:

1. 清洁猫砂盆:定期清理,减少卵囊滋生。

2. 避免喂生肉:尽量给猫咪喂煮熟的食物。

3. 定期健康检查:早发现,早治疗。

4. 个人防护:清理猫砂时戴手套,清洁后洗手。

参考文献

[1] ARANTES P T,LOPES Z D W,FERREIRA M R,et al. Toxoplasma Gondii:Evidence for the Transmission by Semen in Dogs [J]. Experimental Parasitology,2009,123(2):190-194.

[2] A H D,A P C. Cats and Toxoplasma:Implications for Public Health [J]. Zoonoses and Public Health,2010,57(1):34-52.

[3] DUBEY J P,LINDSAY D S,SPEER C A. Structures of Toxoplasma Gondii Tachyzoites,Bradyzoites,and Sporozoites and Biology and Development of Tissue Cysts [J]. Clinical Microbiology Reviews,1998,11(2):267-299.

[4] KOCHANOWSKY J A,KOSHY A A. Toxoplasma Gondii [J]. Curr Biol,2018,28(14):770-771.

16. 皮肤上的"吸血鬼"

周末,晓阳一家和他们的狗狗巴克在森林里玩得不亦乐乎。巴克特别开心,因为它很久没见过这么宽阔的空地了,这里简直是狗狗的天堂。在草丛中,它边跑边跳,简直是狗生中的巅峰时刻。

可是,好景不长。回到家几天后,晓阳发现巴克的状态不对劲。原本活泼好动的小家伙现在四肢无力。更让晓阳担心的是,巴克走路时摇摇晃晃的,好像喝醉了一样。而且,它还经常用爪子抓挠脖颈,这让晓阳感觉有点儿不对劲。晓阳决定赶紧带巴克去看宠物医生。晓阳到了宠物医院,接待他的是小夏医生和小汪助理。小汪助理开始询问巴克的症状,同时小夏医生对巴克做基本的身体检查。晓阳告诉小汪助理,从上次出去玩回来没几天状态就不好了。这时候小夏医生疑惑道:"你们去哪里玩了?有没有去过森林或者草丛?"晓阳说:"我们上周末去森林里露营了,难道是因为这个生病的吗?"小夏医生指着巴克脖子上几个黑色的小点说:"您来看,巴克这是被蜱虫叮咬了,蜱虫常存在于植被茂密的地区,擅长爬到灌木和草的顶端,如果没有按时做驱虫的话,狗狗很容易被叮咬感染。"听到小夏医生这么说,晓阳心里很愧疚,因为自己已经好几个月没有给巴克驱虫了。接下来,小夏医生让晓阳带巴克去处置室摘除蜱虫,并且做了基础的血常规、生化、尿液检查和血涂片检查。晓阳来到处置室，大夫一边摘除巴克脖子上的蜱虫，一边嘱咐晓阳："蜱虫的叮咬过程是将整个头部埋入狗狗的皮肤中，如果在没有经验且无人指导的情况下，拔除过程中很可能会把头部留在体内，这正是蜱虫导致狗狗生病甚至死亡的首要原因。切不可捏、拽、用火或者其他东西刺激蜱虫，不可强行拔除，因为这样做一来可能让蜱的口器折断在皮肤里，二来会刺激蜱分泌更多携带病原体的唾液，增加感染的可能性。自己处理的话可以用酒精涂在蜱虫身上，使蜱虫头部放松或死亡。几分钟后用尖头镊子取出蜱虫，从口器旁钳住虫子，急速一拉把蜱虫取出。"

祛除完蜱虫后，晓阳来到诊室等待检查的结果。过了一会儿，小夏医生忧虑地走了进来，他对晓阳说："血液涂片检查发现了巴贝斯虫感染，并且血液和尿液检查的结果也指向巴贝斯虫病。""为什么会感染巴贝斯虫病？"晓阳不明白为什么只是被蜱虫吸了血还会有其他的病，"因为蜱虫是巴贝斯虫病的主要传播媒介，在蜱虫叮咬吸血过程中，从唾液腺释放巴贝斯孢子进入犬的血液中，经过一系列过程进入红细胞，感染红细胞使红细胞破裂，但好在巴克感染程度还不深，就医及时，没有因造成严重的贫血而引发更糟糕的问题。"小夏医生看出了晓阳的担忧，安慰他只要遵从医嘱，好好治疗即可。晓阳带着巴克回了家，决心好好治疗，在往后的日子里按时驱虫，并且出去玩之后仔细检查巴克的身上是否有蜱虫叮咬的痕迹。

▲ 看不见的蜱虫

【小夏博士有话说】

蜱虫感染后的处理方式：

1. 正确处理方式是先用酒精涂于蜱虫，待其放松或死亡后，再用尖头镊子从口器旁钳住蜱虫，迅速取出。

2. 不正确的拔除方法（如捏、拽或用火刺激）可能导致蜱虫头部残留体内或分泌更多带病原体的唾液，增加感染风险。

3. 避免自行不当操作，以防引发健康问题。

17. 虫虫的肝内冒险

　　清晨醒来，雅琴发现床上的小猫们像往常一样正用期待的眼神注视着她，小核桃乖巧地坐在雅琴枕头旁边，正努力地把粉色的肉垫搭在主人的脖子下面。而雪球则静静地蜷缩在床尾，见到雅琴醒来，只是轻轻摆动了尾巴，显得有些淡漠。最近几天，雪球的情绪似乎有些低落，它不再与同伴嬉戏，对于雅琴的呼唤也显得兴致全无。当雅琴抱起它时，不禁惊觉雪球的眼睑、耳朵和嘴唇泛着异常的黄色。心急如焚的雅琴立刻将雪球装入猫包，急忙赶往宠物医院。

　　小夏医生给雪球做了体格检查，发现雪球的体温相对偏低，黏膜有些泛黄，"雅琴，雪球最近饮食饮水情况怎么样？是否发生过与平常不一样的事情呢？"

　　雅琴想了想，说道："上个月我准备炸小鱼，所以买了一些小鱼回家，雪球偷偷吃掉了一条。会和这件事有关系吗？"

　　"这个暂时还不能定论，但是猫咪吃生的鱼虾确实在一定程度上会存在感染寄生虫的风险。接下来我们需要做血常规、生化检查评估体况，再进行粪便检查看一下有没有虫卵，最后通过腹部超声看一下脏器情况，排除其他的原因。"小夏医生回答。

　　雅琴带着雪球做了检查，在焦急地等待后拿到了检查结果。"小夏医生，粪便吸虫卵阳性是什么意思呢？"

"结合它之前吃过生鱼的情况，雪球很可能感染了肝片吸虫。"小夏医生耐心地解释道。"猫肝片吸虫是一种寄生在肝脏中的吸虫。虫卵在淡水螺中孵化，经过四个发育阶段后离开螺体，然后进入淡水鱼体内继续发育。当其他动物生吃下这些淡水鱼后就可能会被感染。"

"成虫每日约产下1000~2500颗卵，将随着胆汁一同进入消化道，最后随着粪便排出体外，这就是吸虫病粪便虫卵阳性的原因。"小夏医生解释道。

"那雪球的眼睑和嘴唇为什么会变黄呢？"雅琴问。

小夏医生解释道："肝片吸虫成虫的虫卵会随着胆汁一同进入消化道。如果虫卵的排出不顺畅，可能会造成胆管阻塞，胆汁无法排出，这时候动物就会出现黏膜'变黄'的现象，我们称之为'黄疸'。"

雪球似乎也在认真听小夏医生的解释，尾巴一甩一甩地蹭着雅琴的手臂。雅琴听得十分认真，她焦急地问道："现在应该如何给雪球进行治疗呢？是吃药还是打针，多久可以痊愈？痊愈之后我该如何预防呢？"

"可以通过口服吡喹酮进行预防，放心，接下来就交给我吧！"小夏医生回答道。"至于猫肝片吸虫的预防，首先，你可以让雪球在室内生活，这样可以减少它接触到感染源的机会。其次，务必定期给雪球进行驱虫，并保持它的生活环境卫生。最后，定期带雪球来诊所进行健康检查也很重要，我们可以检查雪球是否感染了猫肝片吸虫，并提供相应的治疗方案。"

雅琴点头表示理解，她说："我会定期带雪球来诊所进行健康检查的。还有，我应该如何保持雪球的生活环境卫生呢？"

小夏笑着回答："定期清理猫砂盆，消毒饮水容器，并确保给雪球提供安全的饮用水源。这些措施可以减少感染源的存在，保护雪球的健康。"

雅琴感激地说："非常感谢你的建议，你真是一位出色的兽医！"

小夏笑着回答:"拿着这张处方去药房,可以获得后续所有的治疗药物,如果你有任何其他问题或需要帮助,随时来找我。"

接受治疗后,雅琴离开了宠物诊所,带着对雪球健康的新认识回到了家中。她决定立即采取行动,保护雪球免受猫肝片吸虫的侵害。

雅琴首先将雪球的生活环境进行了彻底清洁。她清理了猫砂盆,更换了新的猫砂,并定期清理猫砂盆。雅琴还定期给雪球饮水容器消毒,确保雪球喝到干净的水。她还为雪球提供了一个舒适、干净的休息区域,定期清洁和更换床垫和毛巾。

除了定期驱虫和保持室内生活,雅琴还决定定期带雪球去宠物医生那里进行健康检查,经常观察雪球的行为和食欲。

▲ 小心生食中隐匿的肝片吸虫

【小夏博士有话说】

猫狗肝吸虫病是由多种吸虫寄生于肝脏和胆管内引起的肝胆系统疾病，常见的吸虫包括华支睾吸虫、猫后睾吸虫等，通常是由于生食受到感染的淡水鱼、淡水虾引起的。日常预防措施如下：

1. 尽量避免动物去水边活动，避免捡食。

2. 避免饲喂生的淡水鱼虾。

3. 位于吸虫流行区或热带地区的猫狗，可每3个月使用一次吡喹酮进行预防。

18. 白蛉的罪恶生活

清晨，尽管空气中并未带有预期的凉意，但树间蝉鸣此起彼伏，为这座城市注入了几缕生气。在街角，小夏医生远远便注意到宠物医院门口有一个焦躁不安的身影。小夏医生立刻感觉到了事态的紧迫性，快步赶往医院。

在医院门口等待的是晓阳，他的爱犬巴克突发状况，身上冒出了许多红色丘疹。晓阳焦急地叙述，他常带巴克去湖边嬉戏，昨日雨后初晴、气候凉爽，他们又如往常一样前往湖边。巴克在花丛中追逐蝴蝶，玩得不亦乐乎。然而，昨晚回家后一切看似正常，今早巴克却出现了大量红疹，这让晓阳忧心忡忡，急忙带着巴克找到了小夏医生寻求帮助。听了晓阳的描述，一旁的小汪助理说道："夏天湖边蚊虫较多，巴克在花草丛中逗留太久，确实很容易被蚊虫叮咬，出现类似的丘疹，一般并无大碍。"小夏医生点点头，补充道："不仅如此，也要注意与蚊子外形相似的白蛉，与蚊子一样，白蛉的幼虫生活在水里，成虫会叮咬人类和动物，吸食血液，带来瘙痒和红肿感。每年5月到9月是白蛉的活动季节，无论是傍晚河边散步，还是居住在绿意盎然的郊区，甚至夜晚在庭院纳凉，都有可能遭遇白蛉的叮咬。"

随后,小夏医生对巴克进行了全身的体格检查、血液学检查及血清学检查,检查结果暂未发现明显异常。这让晓阳稍感安心,但他的疑惑并未完全消除,他询问:"如果巴克被白蛉叮咬会发生什么事呢?之后会出现什么症状呢?"小夏医生认真地说道:"白蛉可以传播多种疾病,白蛉叮咬狗狗会导致其瘙痒、起红疹。除此以外,白蛉还可以作为利什曼原虫的传播媒介,通过白蛉叮咬,利什曼原虫可以在狗和狗之间、人和人之间及人和狗之间传播,而夏季是白蛉活跃的季节,因此,一定要定时驱虫,做好防护工作,夏季傍晚出门时可以提前喷洒一些驱蚊虫药水。"

小夏医生又补充道:"实际上,由于免疫系统的抵抗作用,大多数感染利什曼原虫的狗(包括人类)可能在最初都不会有明显的症状,即呈现出隐性感染的状态。然而,一旦发展为利什曼病,将会导致一系列症状,包括皮肤病、虚弱、消瘦、运动不耐受、贫血、全血细胞减少、凝血不良、结膜炎和葡萄膜炎等眼部损伤及肾小球肾炎等肾部损伤。但要注意的是,无论狗狗是否表现出症状,只要感染了利什曼原虫,在有白蛉的情况下都可以作为传染源危害身边的动物和人类。狗狗的利什曼原虫病潜伏期有几周到几个月,甚至更长,所以未来几周一定要格外关注巴克的身体状况,如果发现异常要及时就医。"

听了小夏医生的话,晓阳忧心忡忡,担心自己也可能面临感染风险。小夏医生肯定地点了点头,同时也明确指出,被感染犬直接将利什曼原虫传染给人类是罕见的。的确有部分主人由于担心传播风险选择对犬进行安乐死,部分地区甚至扑杀血清阳性犬只,这种做法不仅在道德上备受争议,在科学上也是站不住脚的。扑杀策略并未有效降低传播率，也没有证据表明这能减少人类发病率。看着晓阳离开的背影，小夏医生坚定了普及宠物养育知识的决心，希望让更多的宠物和它们的主人享受到更美好的生活。

【小夏博士有话说】

由利什曼原虫感染导致的一系列疾病，统称为"利什曼原虫病"，也称"黑热病"，它不仅可以感染猫狗，还可以感染人及其他哺乳动物，属于人畜共患病。以下为日常预防措施：

1. 选择合适的驱虫药。使用含驱避白蛉成分（如溴氰菊酯、氯菊酯等）的驱虫药。

2. 做好环境管理。生活区域不堆放垃圾（避免吸引蚊虫），同时在白蛉活跃期（每年5~9月）的傍晚到黎明期间，减少动物的户外活动，避免动物在水边或潮湿处活动。

3. 携宠外出应做好准备。全世界范围内有不少利什曼原虫流行区，出发前应查询目的地流行情况，提前做好预防性驱虫工作。保护宠物的同时也要保护好自己，野外游玩时尽量穿长袖长裤，并且在暴露的皮肤上喷洒驱蚊剂。

参考文献

[1] FILIPE DANTAS-TORRES, SOLANO-GALLEGO L, BANETH C, et al. Canine Leishmaniosis in the Old and New Worlds: Unveiled Similarities and Differences [J]. Trends in Parasitology, 2012, 28（12）: 531-538.

19. 流产警报

一个阳光明媚的早晨，晓阳带着他的爱犬巴克在公园里悠闲地散步。突然，巴克猛地停下脚步，眼睛紧盯着草丛中的一只流浪狗。那只狗狗趴在地上，异常虚弱，尾巴周围黏附着黑色的分泌物，似乎在承受着某种痛苦。巴克用忧虑的眼神看着晓阳，仿佛在说："我无能为力。"

晓阳感到一丝不安，但心里仍然充满疑问。他决定打电话给小夏医生寻求帮助。小夏医生接到电话后迅速赶到现场，经过简短的检查，他的表情变得愈加凝重。他意识到，眼前这只流浪狗可能感染了布鲁氏菌，导致了流产。布鲁氏菌病是一种动物源性传染病，虽然它在人类生活中并不常见，一旦感染，后果可能相当严重。小夏医生果断决定，立即联系当地的兽医部门，并指示晓阳在现场保持警觉，避免其他人和动物接触到这只病狗。

不久，兽医部门的专业人员赶到现场，他们小心翼翼地采集了流浪狗的阴门分泌物、眼鼻口拭子，并将其装入笼子，谨慎地带离现场。离开前，工作人员还对周围的环境进行了彻底消毒，以防任何潜在的传播风险。所有采集的样本都被送往实验室进行进一步检测。

一周后，兽医部门的专员将检测结果告知了小夏医生：这只流浪狗确实感染了犬种布鲁氏菌，且具有传播给人类的风险。晓阳此时正带着巴克去医院做体检，听到这个消息，他的心跳不禁加速，急切地问小夏医生："这个病原这么危险吗？"

小夏医生耐心地解释道："犬型布鲁氏菌病是一种动物源性传染病，比起牛羊型的布鲁氏菌，它在人群中的知名度较低，但它对人类的健康依然构成威胁。布鲁氏菌主要通过接触感染动物的体液传播，尤其是在母犬流产后，分泌物中含有大量细菌，容易成为传播源。虽然该病对人类的致病性较弱，症状类似流感，可能表现为发热、头痛、全身不适等，但潜伏期可能长达数月，患者在急性期可能会感到非常不适。"

▲ 小心布鲁氏菌

听完医生的解释，晓阳的担忧更深了，他开始担心家里宠物的安全。尤其是他的小狗们。小夏医生看出晓阳的焦虑，安慰道："其实，正常的抚摸和玩耍并不会导致感染，主要的风险出现在接触到宠物的体液或分泌物上。为了安全起见，处理宠物的排泄物时最好戴上手套，并保持手部清洁。"

晓阳听后松了一口气，虽然心中的疑虑仍未完全消除，但他明白了通过正确的防护措施，可以有效避免感染。他决定更小心地照顾自己的宠物，同时也将犬种布鲁氏菌的相关知识传播给家人和朋友，让更多的人了解这一潜在的健康威胁，并采取合适的预防措施。

【小夏博士有话说】

犬种布鲁氏菌会引起与其他布鲁氏菌感染相似的疾病，如流产、不孕症和生殖能力丧失。细菌可以穿透易感宿主的眼结膜、口腔和阴道黏膜从而引起感染。犬口腔感染的最小感染量约为 10^6 菌落形成单位（Colony Forming Unit, CFU），而结膜感染的最小感染量约为 $10^4 \sim 10^5$ CFU。

最常见感染途径是口鼻接触流产胎儿病料（每毫升细菌数可达到 10^{10} 个），也可通过性行为传播，这一点对于繁殖犬舍很重要。细菌在感染6周后可以从黏性或浆液性分泌物中排出，也可能存在于牛奶、尿液和精液中。犬种布鲁氏菌也可以通过被污染的注射器、阴道镜检查设备、人工授精等途径感染。布鲁氏菌很容易被常用的消毒剂灭活，离开宿主后存活时间很短。

犬种布鲁氏菌在世界多地区呈地方流行，也是一种来自犬的人畜共患传染病。全科医生需要清楚了解犬型布鲁氏菌病，包括该病的风险因素、临床症状、诊断模式、生物安全、家养犬及繁殖犬舍管理策略。对饲主给予疾病筛查、治疗及犬舍管理相关科学建议是非常重要的。在犬种布鲁氏菌相关感染控制和管理国际标准制定之前，布鲁氏菌病仍是对动物和人类健康具有威胁的疾病。在这个过程中，首先要在洲际或国际运输之前对犬进行监测，这将大大限制感染犬的活动范围，从而有效控制疾病的传播。

参考文献

[1] SEBZDA M K，KAUFFMAN L K. Update on Brucella Canis：Understanding the Past and Preparing for the Future [J]. Vet Clin North Am Small Anim Pract，2023，53（5）：1047-1062.

[2] DJOKIC V，FREDDI L，DE MASSIS F，et al. The Emergence of Brucella Canis as a Public Health Threat in Europe：What We Know and What We Need to Learn [J]. Emerg Microbes Infect，2023，12（2）：2249126.

[3] COSFORD K L. Brucella Canis：An Update on Research and Clinical Management [J]. Can Vet J，2018，59（1）：74-81.

20. 游泳的魔咒

晓阳是镇上的游泳健将，经常在小镇举办的游泳比赛中拔得头筹。周末，晓阳经常带着自己心爱的狗狗巴克一起去河里玩耍。然而，最近晓阳发现巴克变得懒散、没精打采，食欲也大不如前。巴克的口腔看起来有些发黄，晓阳意识到它出现了黄疸的症状。这让晓阳非常担心，于是决定带巴克去看兽医。

晓阳带着巴克来到了当地的宠物医院，小夏医生立刻开始对巴克进行检查。

小夏医生："你好，晓阳。巴克最近有什么异常的行为吗？"

晓阳："医生，巴克最近变得懒散、没精打采，食欲也不好。黏膜有些发黄，它是不是有什么肝脏疾病？"

黄疸确实可能是肝脏疾病引起的，但是小夏医生却摇了摇头："我理解你的担忧，但是黄疸可能由许多疾病导致，我需要先进行一些检查。"

小夏医生为巴克安排了尿常规、血常规、生化和B超检查。经过一段时间的等待，检查结果出来了。小夏医生看着检查结果问道："最近你有没有带巴克去户外活动？"

晓阳思索了下，回答道："是的，我们经常周末去河边玩，巴克会和我一起游泳。"

小夏医生点了点头："巴克的这些症状可能是钩端螺旋体病的迹象，我们需要对巴克的尿液进行PCR检查以进一步确认。钩端螺旋体病是一种人畜共患疾病，但不用担心，我们会尽力进行治疗。"

晓阳疑惑地问："钩端螺旋体病？我从来没有听说过。巴克怎么会感染上这种病呢？"

小夏医生解释："钩端螺旋体是一种细菌，该疾病主要通过接触污染的尿液或受尿液污染的土壤、水、食物而传播。动物在户外活动时，特别是在污染严重的环境中，更容易感染。此外，咬伤、摄入受感染的生肉、交配或胎盘也是可能的传播途径。"

晓阳想到巴克经常与自己一起游泳，可能就是在那个时候感染了钩端螺旋体。

过了一会儿，小夏医生拿到了PCR结果，巴克的确是感染了钩端螺旋体病。

小夏接着说："钩端螺旋体疾病的一个关键病理现象，是急性肾损伤，这可能是巴克的食欲下降、精神萎靡的原因。此外，这种病还常见于中至重度胆汁淤积性肝病，并可能导致肝细胞坏死。"

"巴克还出现了轻度的溶血现象，虽然这不是钩端螺旋体的典型特征。大多数钩端螺旋体病病例会出现肾性氮质血症，也就是血尿素氮和肌酐浓度升高，这一点在巴克身上也有体现。"

晓阳听了小夏医生的解释，非常担心巴克的健康。

小夏医生继续说："此外，一些犬可能会出现高胆红素血症，或者转氨酶活性升高，这里指的是丙氨酸氨基转移酶和碱性磷酸酶，所以肝脏生化特征更符合胆汁淤积性肝病。也可能出现电解质的变化，这取决于肾脏和胃肠功能紊乱的程度。"

晓阳担心道："那我们该怎么办呢？有没有治疗方法？"

小夏医生："治疗钩端螺旋体病的关键是早期诊断和及时治疗。我会给巴克开具相应的药物治疗方案。通常情况下，我们可能会使用多西环素、氨苄西林等药物进行治疗。同时，保持环境清洁、避免与感染动物接触可以减少再次感染的风险。"

晓阳："谢谢你，小夏医生。请问整个治疗过程需要多长时间？"

小夏医生："治疗的时间因个体差异而异，但通常需要几周到几个月的时间。我们会密切监测巴克的病情，并根据需要调整治疗方案。"

巴克接受了小夏医生制定的治疗方案，并得到了主人的精心照料。经过几个月的努力，巴克的症状逐渐好转，精神焕发，食欲也恢复了。晓阳衷心地向小夏医生道谢。

小夏医生："不用客气，这是我的职责。我很高兴能帮助巴克恢复健康。但请记住，预防钩端螺旋体病同样重要。保持环境清洁，定期进行检查和疫苗接种是预防钩端螺旋体病的关键。如果你有任何问题或需要进一步的帮助，请随时联系我。"

【小夏博士有话说】

钩端螺旋体病是一种人畜共患疾病，可以通过接触病原污染物传播，在不流动的水中游泳也可能会导致该疾病的发生。该疾病的预防和治疗建议如下：

1.定期接种疫苗。为宠物接种钩端螺旋体病疫苗，以增强其对疾病的抵抗力。同时，保持宠物生活环境的清洁，减少宠物接触污染水源或土壤的机会。

2.及时进行医疗干预。如果宠物出现黄疸、食欲缺乏或精神不振等症状，应立即送医，进行专业的检查和治疗。治疗通常包括使用抗生素（如多西环素等），并提供适当的支持性护理。

3.预防和健康管理。控制家中和宠物活动区域的啮齿动物数量，避免宠物与已知感染钩端螺旋体的动物接触。治疗后，继续维持良好的环境卫生，并定期进行检查和疫苗接种，以预防疾病的再次发生。

21. 你不懂我的痒

雅琴家最近迎来了一位新成员——阿花，是雅琴收养的一只流浪的狸花猫。然而，阿花刚到新家就不停地抓挠自己的头颈部，导致皮肤多处被抓破。雅琴考虑到阿花一直在外流浪，生活环境差，推测是感染了皮肤病，就赶紧带着阿花到宠物医院检查。

在医院，小夏医生和小汪助理对阿花进行了仔细的体表检查，发现它身上有跳蚤和虱子。小夏医生向雅琴解释道："跳蚤和虱子是猫咪最常见的外寄生虫，它们的叮咬不仅会引起剧烈的瘙痒和猫蚤过敏性皮炎（Flea Allergy Dermatitis, FAD），还存在传播巴尔通体病、鼠伤寒等疾病的风险。"

"跳蚤是小型、无翅、善跳跃的寄生性昆虫，它们是寄生虫界的'长腿欧巴'，凭借着强有力的后腿在宠物和环境之间自由穿梭。成虫跳蚤通常生活在哺乳类动物身上，尤其是毛茸茸的猫狗身上。人类和动物可因跳蚤寄生引起贫血，跳蚤排泄物还可能引起过敏反应，形成红斑、丘疹和瘙痒。更可怕的是跳蚤是一些病原的传播媒介，会引发一系列疾病，如绦虫病、鼠疫、肾综合征出血热、地方性斑疹伤寒和巴尔通体病等。虽然跳蚤引起的过敏和皮肤瘙痒看似是小事，但经它们传播的致命性疾病却是不容忽视的大事。"

"跳蚤可以寄生在多种宿主身上，因此当猫咪感染跳蚤时，铲屎官也会深受其害。跳蚤喜欢咬人的脚踝和腰间，被跳蚤咬的包又痒又疼，而且持久不消，非常难受。但是大家也不用太担心，猫跳蚤只会叮咬人，不会在人体上寄生。因此，只需要给猫咪驱虫，对环境彻底杀虫即可。猫虱子终生只寄生在一个宿主身上，猫咪是它们的专一宿主，所以猫虱子不会转移到人身上，也不会咬人（需要注意的是虱子有很多种，咬人的是人虱）。"

"猫咪感染跳蚤时，翻开它的毛发可见很多小黑点，像小芝麻一样。不动的是跳蚤的排泄物，而会动的则是跳蚤，它们移动迅速，难以捕捉。虱子则为白色的小点点，像头皮屑一样，移动相对缓慢。"

"跳蚤成虫通常会一直栖息在宿主身上，一旦找到宿主并吸血后，它们会在两天之内开始迅速繁殖，每天产卵多达50个。猫咪去过的所有地方都有可能留下虫卵和幼虫，尤其是它们休息的地方。幼虫喜欢阴暗的地方，所以可能会移到地毯或沙发深处。最终，幼虫会结茧，成虫在茧内发育成熟，等待宿主接近的信号，如体温或震动。如果缺乏宿主，成虫在茧内可以等两年。条件适宜的话，跳蚤的生命周期可以在15天内完成。"

"猫虱子将卵产在猫咪的发根部，紧紧附着。虱子从卵孵化后三周内成熟并再度进行繁殖。虱子具有强有力的爪子，能紧紧抓住猫咪的毛发，即使是剧烈的抓挠也不能让虱子掉落，虱子的生命周期可以在三周内完成。"

"猫咪是怎么感染上跳蚤和虱子的？主要途径包括直接接触感染和间接接触感染：①当猫咪外出时，可能会接触到潮湿的土壤，在自然条件下被寄生；②主人的鞋子或衣物带回来的虫卵；③猫咪接触了其他已经感染跳蚤和虱子的猫。"

▲ 寄居的跳蚤和虱子

【小夏博士有话说】

跳蚤和虱子尤其喜欢寄居在毛茸茸的狗狗和猫咪身上，养宠家庭可从以下三个方面进行预防和应对：

1.环境清洁。定期清洁并消毒宠物生活环境，包括床褥、玩具、笼子等，减少虱子藏匿的空间。

2.定期驱虫。使用宠物专用的体外驱虫产品（如含有非泼罗尼等成分），并且在做体外驱虫的同时也要进行体内驱虫，因为跳蚤可能会携带绦虫（体内寄生虫）。一般来讲，体内驱虫每三个月进行一次，体外驱虫每一个月进行一次。使用体外驱虫药前后两天避免给动物洗澡。

3.避免接触。避免宠物与感染虱子、跳蚤的其他动物接触，减少感染风险。

参考文献

[1] RUST M K，DRYDEN M W. The Biology，Ecology，and Management of the Cat Flea [J]. Annu Rev Entomol，1997，42：451-473.

[2] IANNINO F，SULLI N，MAITINO A，et al. Fleas of Dog and Cat：Species，Biology and Flea-borne Diseases [J]. Vet Ital，2017，53（4）：277-288.

22. 抓耳挠腮的秘密

晓阳带着巴克在公园里散步，巴克用后腿挠着自己的耳朵，路过的小朋友问："叔叔，为什么狗狗在抓耳挠腮呀，它是不是也有很多想不明白的问题呀。"晓阳笑了笑摸摸小朋友的头，不过这倒是提醒了他，最近巴克甩头和挠耳朵的频率比之前大大增加了。他仔细检查了巴克的耳朵，发现除了有些红肿外，还有一些脓性分泌物。事不宜迟，他直接带着巴克来到宠物医院。

小夏医生做了初步检查后说："巴克的耳道有些感染，但具体是细菌、真菌还是寄生虫感染需要做检查后才能确诊。"小汪助理使用宠物专用的耳镜，观察耳内情况，看见巴克的耳道壁红肿，有发炎增生的症状。小夏医生采集了巴克的耳部表皮样本，置于显微镜下观察，看见了几个"张牙舞爪"的家伙，看来这就是导致巴克"抓耳挠腮"的小秘密呀。这些"张牙舞爪"的家伙就是耳螨。

晓阳问道："耳螨是螨虫的一种吗？"小夏医生点点头道："宠物螨虫病可见于不同种类的动物，人也可能感染螨虫。常见的可以感染宠物的螨虫主要有蠕形螨、疥螨、耳螨等。耳螨就如它的名字一样主要存在的部位是外耳道，是引起狗狗、猫咪外耳炎的常见原因，但其寄生部位不仅限于外耳道，也可寄生在身体其他部位。耳螨主要寄生在宠物的耳部，具有较强的传染性，接触传染为主要传播方式。当动物感染耳螨后会出现耳部瘙痒症状,抓挠时易导致感染。被寄生的动物表现为经常摇头,耳部发炎,严重个体表现为耳血肿。同时耳螨感染还可能继发细菌感染,造成耳内化脓。"

"原来如此。"晓阳继续问道,"那耳螨容易治疗吗?我家还有其他的狗狗,这种病会不会传染呀?"小夏医生揉揉巴克的脑袋,从小汪助理手中接过开具的药物,对晓阳耐心地讲解:"耳螨治疗不难,但是需要宠物主人坚持给宠物用药治疗。首先,要对狗狗的耳道进行彻底清理,用这个洗耳液,可以清除耳道内分泌物及碎片。其次,再使用耳部寄生虫外用杀虫药物进行治疗。由于耳螨可扩散至其他皮肤位置,造成感染,因此,还需要对宠物身体其他部位的皮肤进行配合治疗,可使用驱虫喷剂或浴液进行螨虫驱杀。如果您家还有其他的狗狗,对患病宠物治疗的同时,也要对其他接触过患病宠物狗狗进行治疗,防止交叉感染,有条件的话,最好隔离喂养。"小汪助理补充道:"定期驱虫能够预防这类疾病,巴克的生活环境最好也进行一次彻底的打扫,保持其生活环境干燥、洁净,有助于狗狗更快康复。"晓阳记下了用药步骤和注意事项,带着巴克和药物回家进行消毒。

【小夏博士有话说】

动物的一生会遭受各种寄生虫的困扰,螨虫作为体外寄生虫的重要部分,对于室内外生活的猫狗来说都存在威胁,也是导致猫狗体外寄生虫病最常见的感染源。除耳螨外，蠕形螨和疥螨也是常见感染猫狗的皮肤寄生虫。

1.蠕形螨。正常存在于毛囊和皮脂腺内，当它在皮肤上过度增殖就会造成皮肤脱毛和皮肤炎症。临床主要表现为脱毛、红斑、毛囊炎和皮肤增厚。

2.疥螨。寄生于皮肤表面，擅长在表皮上层中"打洞""产卵"，人与感染动物亲密接触可能也有被传染的风险。临床主要表现是丘疹、皮屑、结痂和脱毛，更严重的可能由局部发展为全身症状，并继发细菌感染。

3.预防宠物螨虫病。首先需要对宠物进行定期驱虫，使用含有伊维菌素等成分的驱虫药可以预防宠物感染螨虫；确诊宠物患有螨虫病后，应实施隔离措施，防止感染其他宠物。

参考文献

[1] 张楚依.试论宠物螨虫病诊断与治疗[J].畜牧兽医科技信息，2020（7）：182.

[2] 杨开祥.宠物猫犬螨虫病的临床症状、预防措施和治疗[J].中国动物保健,2023,25（6）:68-69.

[3] 石刚,吴建博,杨飞,等.三种人宠共患皮肤病的防控[J].中国动物保健,2022,24（1）:76-79.

23. 皮肤上的潜行者

雅琴发现自从上次在宠物美容店洗完澡后，球球身上很多地方陆续出现了脱毛，并且经常可以看到球球舔或者啃这些脱毛的部位。刚开始，雅琴并没有在意，但过了一段时间后，球球身上脱毛的部位更多了，雅琴开始觉得不对劲，于是她便带着球球去了宠物医院。

"医生，你快看看我家猫咪怎么了？身上出现一块一块的脱毛的情况。"雅琴焦急地对小夏医生说。"怎么回事啊？什么时候开始发现这种情况的，有没有自己用过什么药？"小夏医生耐心地问道。"没有用过药，我一个月前带球球去宠物美容店洗澡，之后大概一个星期它就开始一小块一小块地脱毛。我本来没怎么在意，就给它用了一点碘伏，但是这两天发现脱毛的区域越来越大了，而且它还总是舔这些地方。"雅琴回答道。"好的，以后注意来医院之前不要擅自给猫用药啊，可能会影响检查，尤其是使用抗生素还可能会增加细菌耐药性。有给猫咪定期进行体内外驱虫吗？"小夏医生问。"没有，医生，我家猫咪基本不出门，所以我就刚接回来的时候驱过虫，之后都没有再驱过。"雅琴说道。"那可不行，猫咪虽然不出门，但是你们主人会出门呀，大多数寄生虫的虫卵可以附着在衣服、鞋子上被带入家中。所以，即使宠物不出门，还是要根据驱虫药的保护期进行定期体内外驱虫的。不然猫很有可能会出现寄生虫引起的皮肤感染。"小夏医生对雅琴耐心地解释道。

小夏医生对球球进行了简单的体表检查，发现球球身上有多处脱毛，甚至有些部位还出现了结痂、发红的问题。于是给球球做了伍德氏灯（Wood's Lamp）、皮肤检查、血常规和生化检查。一段时间后，雅琴拿着检查结果回到了诊室，对小夏医生说："医生，球球的检查结果出来了，您看看有什么问题吗？"小夏医生接过检查单，对雅琴说："球球的检查结果显示伍德氏灯检查呈阳性，皮肤检查结果显示有真菌和细菌感染，并且还看到了中性粒细胞，提示皮肤现在有炎症，血常规和生化检查均显示无明显异常。综合这些检查结果来看，提示球球可能患有皮肤癣菌感染，不过要确诊的话还得进行真菌培养。""医生，皮肤癣菌病是什么？为什么会得这个病？"雅琴疑惑地问。"皮肤癣菌病是由亲动物性、亲土性或亲人性的真菌感染毛干和皮肤角质层引起的一种皮肤病。常见的病原包括小孢子菌属真菌（如犬小孢子菌、石膏样小孢子菌等）、毛癣菌属真菌（如须癣毛癣菌等）及表皮癣菌属真菌。主要侵入角质结构，常表现为脱毛、丘疹、鳞屑、红斑、色素沉着及可能会发生不同程度的瘙痒。"小夏医生耐心地为雅琴解释着。"医生，那这个癣菌会传染给人吗？"雅琴问。"皮肤癣菌病是公认的人畜共患病，也是临床常见的一种皮肤病，可以感染任何人，但特殊年龄段的人群（<5岁，≥65岁）、孕妇或免疫低下的病人风险会更高。不过，通过动物传染给人的概率目前仍然没有确定的研究数据。该病的传播主要通过接触感染动物的被毛或皮肤病变而传播，环境中蓄积的皮屑/毛发接触也可能是传播来源。因此，预防皮肤癣菌病主要是要做好环境清洁，包括衣物、物体表面、地毯以及地面等都要消毒。"一旁的小汪助理补充道。

听了小夏医生和小汪助理的解释，雅琴逐渐放下心来，问道："我现在应该怎么办呢？""球球的生化检查结果显示它的肝脏指标在正常范围内，所以我会给球球开一些口服的抗真菌药。抗真菌药存在一定的肝毒性，所以在服用之前一定要确保球球的肝功能是正常的。但是要注意抗真菌药不能一直吃，一定要遵从医嘱。其次我还会给球球开一些药浴液，除此之外你还要对家中的环境进行消毒，2周后来医院复查。"听到小夏医生的嘱咐，雅琴便带着球球回到了家中。通过2个多月的治疗，小夏医生对球球进行了连续2次的皮肤真菌的培养结果为阴性，第2次真菌培养的结果出来后，雅琴带着球球又来到了小夏医生的诊室，小夏医生检查后说："目前球球的皮肤上已经没有明显的结痂、皮屑和脱毛了，但是由于皮肤癣菌难以彻底地清除，所以还需要坚持对家中进行环境消毒防止复发。"这让雅琴松了口气，她感慨地说："谢谢医生，谢谢你们一直以来的关照和治疗，球球终于康复了，以后我肯定会做好家里的消毒，定期给球球进行驱虫并监测它的皮肤状态防止复发。"

【 小夏博士有话说 】

皮肤癣菌病是一种由亲动物性、亲土性或亲人性的真菌生物引起浅表真菌感染的皮肤病。最常见的病原是犬小孢子菌、石膏样小孢子菌和须癣毛癣菌。病灶常出现于面部、耳朵和嘴周，随后发展到爪子和身体其他部位，可能表现为脱毛、鳞屑、结痂、色素沉积和甲弯曲，一般是非对称性的，较少出现瘙痒。目前没有诊断的金标准，但通过病灶外观、伍德氏灯检查、皮肤显微镜检查、细胞学检查、真菌培养和皮肤活检的综合评估，通常能够确诊。

▲ 泡药浴清除皮肤癣菌

皮肤癣菌病是公认的人畜共患病，可以感染任何人，但特殊年龄段的人群（<5岁，≥65岁）、孕妇或免疫低下的病人风险更高。日常预防需注意室内环境清洁，癣菌的真菌孢子可在环境中随空气传播，存活期长达18个月。建议每周进行一次环境治理，患宠可能接触的织物（如床单、沙发垫、地毯等）可用洗衣机漂洗2次，墙面和地面也要彻底擦洗，可以适当选择衣物消毒剂和环境消毒剂，对于难以清洗的物品，建议丢弃。

参考文献

[1] MORIELLO K A，COYNER K，PATERSON S，et al. Diagnosis and Treatment of Dermatophytosis in Dogs and Cats. Clinical Consensus Guidelines of the World Association for Veterinary Dermatology [J]. Vet Dermatol，2017，28（3）：266-268.

24. 猫咪小爪危机大

最近雅琴非常的苦恼，自从一周前被球球挠伤手臂后伤口一直没有好，伤口周围长了一些红色的丘疹，甚至出现了低烧。本以为这么一道小伤口几天就能好的，可已经过去一周了，伤口不仅没有好转反而越来越严重了，于是雅琴决定去医院看看到底是什么问题。

"医生，我前两天被猫抓了，伤口一直不见好，并且这几天开始出现了一些红疹。"雅琴焦急地说道。"好的，你先别急，我先看看。"医生说着便开始给雅琴进行体温测量，并对体表淋巴结进行了触诊，发现雅琴的腋下淋巴结出现了增大。于是对雅琴说："你现在出现了低热的症状，并且腋下淋巴结已经出现了增大，鉴于你这些症状都是在猫抓之后出现的，我现在需要排除一下你有没有出现猫抓热，你先去检查一下吧。""好的，医生，猫抓热是什么？严重吗？"雅琴问道。"猫抓热也叫猫抓病，也称变应性淋巴细胞增多症，是一种由汉赛巴尔通体引起的人畜共患病。当然，我们现在也只是初步判断，要确认你是不是猫抓病还需要进一步的检查。我给你开了巴尔通体的PCR和特异性抗体的检测，你先去做检查吧。"医生说道。

结果出来后，雅琴来到诊室复查。"医生，你看我的结果是不是有问题？"雅琴焦急地问道。"我看看结果，从PCR和抗体检测结果来看确实是汉赛巴尔通体阳性。"医生说道。"医生，汉赛巴尔通体，是什么？我是被我家猫咪传染的吗？那我家的猫咪会不会也有问题？我以后要怎么预防感染？"雅琴问道。"汉赛巴尔通体是一类寄生于猫、狗、鼠细胞、血管内皮细胞、淋巴结细胞内、红细胞内或表面的多形性病原体，无细胞壁，多呈球杆状或杆状。在猫中主要是经跳蚤和蜱传播，也可垂直传播和经血液（咬伤和输血）传播。猫咪感染汉赛巴尔通体后多数并不表现任何临床症状，但其保持长期的菌血症。有些猫咪感染后也会表现为无名高热、视网膜炎、淋巴结肿大、全身性肌痛、心内膜炎和繁殖障碍等。而人感染后是否出现相应的症状主要取决于人的免疫力，在机体免疫功能正常者中常表现为皮肤或头面部淋巴结病变，通常是自限性疾病，但是在免疫功能低下的患者中可发生严重的全身性病变。预防方面，你应该对你家的猫咪进行定期驱虫，限制或减少其外出。你在接触完猫咪后要及时洗手，并且在与猫咪接触时避免被抓或咬伤。如果不小心被猫咪抓伤，应立即使用碘酒和莫匹罗星软膏消毒，并定期观察局部淋巴结。你先去处理一下伤口，然后我给你开一周的抗生素，一周后再过来复查看有没有好转。"医生耐心地解释道。"好的，谢谢医生。"雅琴回答道。

一周后，雅琴来到医院复查，皮肤上的红疹已基本消退，淋巴结也恢复到正常水平。"以后你与家里猫咪互动后记得及时洗手,使用含有抗菌成分的肥皂能更好地清除潜在的细菌。你家的猫咪也要定期接受兽医的检查,这样可以及早发现是否出现巴尔通体导致的健康问题。"医生对雅琴嘱咐道。

【小夏博士有话说】

　　猫抓病又名猫抓热,全称猫抓病性淋巴结炎,由感染"巴尔通体"——棒状小杆菌导致,临床常见的致病菌种主要为汉赛巴尔通体(Bartonella henselae)和克氏巴尔通体(Bartonella clarridgeiae)。

　　猫咪感染了该病菌一般不会表现临床症状,人类如果不慎被猫抓伤感染本病,免疫功能良好的患者通常表现为局部感染,而免疫功能受损的患者将可能出现症状甚至死亡。典型临床特征为被猫咪抓伤10~14天后局部发炎、单侧淋巴结肿大、发烧、不适并持续数周。一般为良性自限性,但少数患者可出现严重全身性损伤,如肉芽肿性肝炎、肝脾肿大、神经炎及脑膜脑炎等。要想"吸猫"无忧,主人还需为自己的猫咪做好以下几点。

　　1.做好定期驱虫。跳蚤、虱子等体外寄生虫是巴尔通体的主要传播媒介,因此,要有效预防本病,必须对猫咪做好驱虫!

　　2.尽量减少猫咪接触病原的概率,减少猫咪的外出,以及与跳蚤接触的概率,同时也要避免它们接触可能感染的动物。

　　3.为猫咪进行人畜共患病筛查,由于大多数猫咪感染后并不会表现出临床症状,可以对家养猫(尤其是有流浪史的猫)进行"猫抓病"病原体检测,采集外周血液进行巴尔通体的PCR检查。

参考文献

[1] 马建山，杨作丰，董娜，等. 猫抓热研究进展[J]. 现代畜牧兽医，2012（8）：33-36.

[2] LANDES M，MAOR Y，MERCER D，et al. Cat Scratch Disease Presenting as Fever of Unknown Origin Is a Unique Clinical Syndrome [J]. Clin Infect Dis，2020，71（11）：2818-2824.

[3] 陈晶，嵇辛勤，罗晓宇，等. 一例猫巴尔通体病的诊治[J]. 贵州畜牧兽医，2022，46（2）：51-52.

25. 红红的鼻子

今天天气很好,雅琴刚好休假,决定带着很久没有外出的小核桃出门散步。一人一猫走了半个小时,小核桃有些累了。雅琴看着不远处的宠物医院,灵机一动:"都走到这里了,不如我们进去做个体检吧!"小核桃已经7岁了,是到了该每年做体检的年龄了。

小核桃一愣,马上掉头就跑,却被牵引绳无情拉住,随即被自己的主人抓起来抱在了怀里。

雅琴带着小核桃进入诊所:"小夏医生,你好!我带着小核桃来做体检了。"

"好的。"小夏医生微笑着接待了她,将开好的检查单交给雅琴。雅琴带着小核桃在医院的等候室等待检查结果,其间无所事事地四处张望。这时,雅琴在等候室里看到了一只鼻子肿胀、红红的、模样有些像小丑的猫咪,猫咪看起来很痛苦,没精神地躺在主人的臂弯里。

不一会儿,小核桃的检查结果出来了,雅琴将检查结果交给小夏医生,同时把刚才看到的那只猫咪的情况告诉了小夏医生。

小夏医生看过了小核桃的检查结果,满意地对雅琴说:"小核桃非常健康。"

听过雅琴的形容,小夏医生马上就知道了雅琴看到的是哪只猫咪,于是向雅琴解释道:"雅琴,那只猫咪可能患有隐球菌病。这是一种常见的猫咪疾病,由一种真菌引起,可以影响猫咪的鼻子、神经、皮肤等部位。"

雅琴从未听说过这种真菌,于是追问道:"真菌?为什么会感染猫咪?"

小夏医生回答道:"真菌是一种微生物,它们存在于我们周围的环境中。猫咪可能通过接触感染源,如土壤、植物、其他感染的猫咪等,而感染上隐球菌病。"

雅琴点了点头:"原来是这样。那如果患上隐球菌病,猫咪会有哪些症状呢?"

"隐球菌病的症状因猫咪的感染部位而异。常见的症状包括鼻子肿胀、红肿、流涕、打喷嚏,有时还会出现皮肤溃疡等。鼻腔通常是主要的感染部位,并且有可能扩散到皮肤、皮下组织、骨骼和区域(下颌下)淋巴结。它会引起鼻面部肿胀,然后是深部非愈合溃疡,猫咪会排出凝胶状渗出物,伴有浆液性、黏液脓性或血性外观、胸廓和吸气性呼吸困难、打喷嚏、流涕及下颌下淋巴结肿大。有些猫咪还会出现厌食症,并且体重也会减轻。"小夏医生解释道,"如果是其他部位感染,如中枢神经系统,猫咪可能会失明;皮肤型的感染,猫咪可能会出现皮下结节;如果是系统性的感染,可能通过血源性传播发生,并表现为脑膜脑脊髓炎、葡萄膜炎、脉络膜视网膜炎、骨髓炎和多发性关节炎、全身性淋巴结炎或多器官受累,包括肾脏。"

雅琴想到那只没精打采的小猫咪,心情非常沉重,"那隐球菌的治疗一定非常困难吧?"

小夏医生摇了摇头:"在大多数情况下,若能早期诊断(在传播之前或发生不可逆病变之前),并且猫咪和主人遵守长期治疗(数月)和随访(数年),干预后在大多数情况下是有所好转的。"

雅琴听后对等候室内的小猫咪感到欣慰:"那应该怎么治疗呢?"

小夏医生："治疗隐球菌病的方法包括药物治疗和辅助治疗。药物治疗主要使用抗真菌药物，两性霉素B、酮康唑、氟康唑和伊曲康唑都已用于治疗猫咪。另外，手术切除皮肤、鼻腔或口腔黏膜中的任何结节也将有助于恢复。辅助治疗还包括清洁受影响的部位、提供营养支持等。"

▲ 隐球菌感染的猫咪

【小夏博士有话说】

　　所有种属的隐球菌，均不太可能从被感染的动物感染到人，因为在动物体内，致病菌以酵母菌的形式存在，不同于环境中更易感染人类的隐球菌担子孢子。但也是具有潜在可能性的，如在没有足够镇静或麻醉的情况下，误吸入被感染的动物组织或体液。兽医人员在处理隐球菌病患病动物时应遵循标准预防措施（如戴手套和口罩等），在对病变进行细针穿刺的过程中应考虑对患病动物进行镇静。

26. 心里不止有爱，还可能有虫

这天，雅琴带着雪球来到了宠物医院："小夏医生，我发现雪球有些不对劲。我带着它去公园玩耍，之前我们可以一起玩儿一个下午，但是现在短短半个小时，雪球就跑不动了，而且大口喘气。最近我还注意到它有些咳嗽，体重也减轻了。您能帮我看看它是怎么了吗？"

小夏医生："当然，雅琴。雪球的症状听起来很严重。我需要仔细检查一下。"小夏医生开始对雪球进行血常规、生化检查和影像学检查。小夏医生拿到检查结果后，发现雪球的心动超声图中，右心和肺动脉中可见疑似心丝虫的征象，随后进行的心丝虫抗原检测也呈阳性。

小夏医生："雪球是否有按时驱虫呢？"

雅琴摇了摇头，不好意思道："前一段时间工作比较忙，忘记给它按时驱虫了。您怀疑是寄生虫导致的问题吗？"

"是的，目前就检查结果来看，雪球的影像学检查和血液检查比较倾向于心丝虫感染的问题。嗜酸性粒细胞的增多也在一定程度上指证了寄生虫的问题。"小夏医生肯定道。

雅琴："心丝虫病？这是什么？我从来没有听说过。"

小夏医生："心丝虫病是由一种寄生虫引起的疾病。这种寄生虫会寄生于狗狗或者猫咪的心脏和肺部，感染后可能出现的临床症状有咳嗽、运动障碍、生长迟缓、呼吸困难、发绀、晕厥、鼻出血或者腹水，临床症状的频率和严重程度，与心丝虫对心肺的影响和宠物的活动程度有关。"

雅琴："这种病是怎么传播的呢？"

小夏医生回答道："蚊子是传播心丝虫的媒介，当蚊子从一个微丝蚴宿主身上吸食血液时，它就会被感染。微丝蚴要发展至成虫，需在蚊子的马氏管中成长至第一期的幼虫（L1），再蜕变成第二期的幼虫（L2），最终蜕变成有感染力的第三期幼虫（L3），当猫狗被蚊子叮咬后则被感染。心丝虫传播的另一个关键因素是气候条件，只有足够的热量和湿度才能保证蚊子的数量，而微丝蚴也需要足够的热量才能在中间宿主体内发育至具有感染性的第三期幼虫。像我们生活的这个地区，全年气温偏高，是心丝虫的高发区。"

雅琴："那么我们应该怎么治疗雪球的心丝虫病呢？"

小夏医生："治疗心丝虫病通常需要使用特定的药物来杀灭体内的寄生虫。我会给雪球开一些药物，如驱除和杀死蚊子的外用驱虫药和治疗心丝虫感染的特效药物（如盐酸美拉索明），同时，我们还需要定期复查以确保病情得到控制。"

雅琴感激道："谢谢您，小夏医生。我会按照您的建议来治疗雪球的心丝虫病。我真的很担心它的健康。"

小夏医生："不用担心，雅琴。我们会

尽力帮助雪球恢复健康的。心丝虫对宠物的危害较大,关键是要按时驱虫,以预防心丝虫病。如果有任何问题,请随时与我联系。"

【小夏博士有话说】

尽管犬类天生对犬心丝虫具有较高的易感性,但这种疾病是完全可以预防的。由于所有生活在犬心丝虫流行地区的犬都面临感染风险,采取预防措施如避免高风险时段(黎明和黄昏时蚊子最为活跃)外出,使用预防性药物等显得尤为重要。尽管犬心丝虫感染人类较为罕见,但仍可能引发呼吸系统症状,如咳嗽、胸痛和咯血。在感染者的胸部X射线片中,常可观察到类似"硬币状"的肺部肉芽肿病变,且已有眼部感染的病例报道。另外,由于猫并非犬心丝虫的天然终末宿主,它们通常不会成为该病在人畜之间传播的感染源。

27. 猫咪的"肚子难题"

五一假期到了,雅琴邀请几个好朋友来家中聚餐,大家在轻松愉快的气氛中庆祝这久违的聚会时刻。但没想到,仅仅两周后,雅琴家里年纪最小的猫咪,8个月大的波斯猫雪球突然开始食欲缺乏,就连平日里最爱吃的沙丁鱼罐头都无法吸引它,小肚子明显地鼓起来,甚至开始呕吐。这可把雅琴急坏了,立即找到小夏医生寻求帮助。

听了雅琴的描述,临床经验丰富的小夏医生心中有了一些猜测。在进行了充分的鉴别诊断后,小夏医生对雪球进行了血常规、血清淀粉样蛋白A(Serum Amyloid A,SAA)及生化检查,还采集了腹水样本进行检测。不幸的是,雪球最终被确诊为猫传染性腹膜炎。

这可把雅琴吓坏了!和家里其他几个"逆子"不同,雪球平时胆子小,性格乖巧,总是喜欢在安静的角落里待着,怎么会得上传染性疾病呢?那家里的其他几个宝贝是不是也已经患病了呢?

看着慌乱的雅琴,小夏医生耐心地解释道:"猫传染性腹膜炎虽然被称为'传染性',但实际上它并不传染。猫传染性腹膜炎病毒的前身叫作猫冠状病毒,寄生于猫咪肠道,传染性很强且在猫咪中非常常见,尤其在多猫家庭,携带率可达70%以上。但大多数时候,它们只是安静地待在肠道里,最多引起一些轻度的腹泻问题，并不会引发严重问题。但在猫咪免疫力低下或遇到一些应激因素时，冠状病毒可能会'觉醒'，成为更有致病力的传腹病毒，突破肠黏膜屏障，去往身体里的其他器官、系统，这就是所谓的猫传染性腹膜炎。但对于家里其他的猫咪，如果平日身体状况良好，不必太过担心被传染。"

听到这里，雅琴忽然想起两周前的那个晚上，本就乖巧且胆子小的雪球，因为家里突然出现大量生人，躲在窗帘背后一整晚都没有出来，自己当时只顾着招呼客人，没有及时注意到雪球的异常，雅琴对此感到十分愧疚和自责。

小夏医生又补充道："虽然过去人们谈'传腹'色变，但随着医学的进步，猫传染性腹膜炎的治愈率已经大幅提升。一些新型治疗药物，如类3C蛋白酶抑制剂和核苷酸类似物，已经在治疗这一疾病上取得了显著成效，治愈率达到60%~80%。况且，从雪球的各项检测指标来看，它的状况还远没有发展到悲观的层面，只要及时纠正体况，补充营养，并进行针对性治疗，雪球治愈的概率是非常大的。虽然传腹的治疗周期相对较长，但是一般在治疗的前3天左右，猫咪的整体状况就会有明显的好转，不用过于担忧。"

听到这里，雅琴长松了一口气，进一步询问是否有相关的疫苗可以为家里其他猫咪进行预防，可惜得到了否定的回答。小夏医生补充道："对于猫传染性腹膜炎，预防确实比治疗更有效。但目前还没有有效的猫传染性腹膜炎疫苗，我们要做的是尽量减少猫咪的应激反应，为它们提供一个安静舒适的环境。"

经过了一个多月的治疗,雪球的指标恢复了正常,精神状态也恢复到了之前的水平。这段时间在雅琴的精心照顾下,雪球圆润了许多,雅琴决心之后多关注猫咪应激问题,努力给宝贝们一个快乐自在的环境。

【小夏博士有话说】

1.病因。目前更被接受的是"突变假说",即传腹是由猫冠状病毒在机体内突变、形成猫传染性腹膜炎病毒,进而引起的一种高致病性、高死亡率的疾病。

2.临床症状。猫传染性腹膜炎可发生于各个年龄段,但临床上最常见于2岁以下的幼年猫,未去势的雄性幼猫似乎更易感染。根据临床症状通常可以分为以渗出为特征的湿性猫传染性腹膜炎,以及以肉芽肿为特征的干性猫传染性腹膜炎及二者的混合感染形式。常见症状有精神沉郁、嗜睡、食欲下降、发热、胸腹水、腹腔淋巴结增大、肠道、肾脏、肝脏肉芽肿、葡萄膜炎等,病情严重的可能造成中枢神经问题甚至死亡。

3.诊断。血常规、生化指标可以帮助兽医评估患猫体况,其中白球比的降低有一定的诊断价值。影像学的介入对肉芽肿及渗出液的诊断具有重要意义,并

且可以帮助我们取得珍贵的临床样本进行分子学检测,对体腔液进行细胞学和生化检查对排除或确认其他鉴别诊断很重要。粪便检测猫冠状病毒阳性不能用于确诊猫传腹,需要通过流行病学调查、临床症状和实验室检查进行综合诊断。

4.治疗。3C蛋白酶抑制剂和核苷酸类似物靶向治疗药物是猫传染性腹膜炎的针对性治疗药物，再加以其他对症治疗手段纠正体况、补充营养，是目前常用治疗方案。临床上还可考虑加以蛋白补充剂、保肝药等进行辅助治疗。

参考文献

[1] DRECHSLER Y，ALCARAZ A，BOSSONG F J，et al. Feline Coronavirus in Multicat Environments.（Special Issue：Companion animal medicine：evolving infectious，toxicological，and parasitic diseases.）[J]. The Veterinary Clinics of North America：Small Animal Practice，2011，41（6）：1133-1169.

[2] ZHU J，DENG S，MOU D，et al. Analysis of Spike and Accessory 3c Genes Mutations of Less Virulent and FIP-associated Feline Coronaviruses in Beijing，China [J]. Virology vol，2024，589：109919.

[3] 牟丹霞，董军，吴凡，等. GS-441524对自然感染的猫传染性腹膜炎的治疗效果观察 [J]. 中国畜牧兽医，2021，48（5）：1859-1867.

宠物的疾病防治

——从内科到外科的健康管理

28. 贪吃惹的祸

在一个宁静的小镇上，住着晓阳先生和他的宠物柯基奇奇。奇奇的性格很好，总是充满活力，喜欢散步和玩耍，唯一的缺点就是管不住嘴，喜欢偷吃食物。

一天晚上，晓阳与他的朋友一起在家举办派对，准备了许多美味佳肴。聚会结束后，餐桌上留下了不少剩菜剩饭。晓阳在出门送别了朋友以后回到家中准备收拾，不料贪吃的奇奇趁晓阳不注意，跑到餐桌旁偷吃剩下的食物。在晓阳发现的时候，剩菜剩饭几乎被吃光了，而奇奇则躺在一旁，心满意足地摇着尾巴。晓阳无奈地叹了口气，因为这种事情并不是第一次发生，他并没有放在心上。然而随着时间的推移，他发现奇奇的情况和以往不一样，奇奇开始频繁地腹泻，食欲下降，显得异常疲惫，甚至开始呕吐。晓阳意识到奇奇可能生病了，赶紧将奇奇送往了宠物医院。

在宠物医院，小夏医生对奇奇进行了详细的检查，并询问了晓阳关于奇奇近期的饮食和活动情况，接下来给奇奇做了常规的血液检查和传染病的筛查。小夏医生告诉晓阳，结合病史和检查结果来看，奇奇很可能是因为大量进食餐桌上的食物，得了急性肠炎。小夏医生接着解释说："进食一些不适当、腐败或劣质食物，或是突然更换食物都可能会引起急性肠炎，导致狗狗出现腹泻、食欲缺乏、精神沉郁，甚至呕吐。此外，许多常见的餐桌食物对狗狗来说可能是有毒的，如洋葱、葡萄、巧克力等，都可能导致狗狗中毒。此外，过于油腻的食物也会对狗狗的消化系统造成负担，引起胰腺炎等其他消化系统疾病。"

小夏医生对奇奇进行了必要的治疗，同时他还建议晓阳在奇奇康复期间给予奇奇一些易消化的食物，如水煮鸡肉和土豆，当腹泻停止后再逐渐恢复到正常饮食。晓阳听了小夏医生的解释后，感到非常后悔，他意识到是自己的疏忽给奇奇带来了不必要的病痛。从那天起，他更加注意奇奇的饮食，严格遵守小夏医生的指导，不再让奇奇接触任何可能有害的食物。

几天后，奇奇的状况有了明显好转，重新变得活泼起来，再次拥有了往日的生机和活力。晓阳非常高兴，但也时刻注意着不再让奇奇偷吃到餐桌上的食物。通过这次经历，晓阳学到了一个重要的教训：宠物的饮食管理非常重要，不能随意让宠物吃人类的食物。他还了解到宠物出现肠胃炎的症状，包括食欲缺乏、呕吐、腹泻、精神沉郁等。

晓阳还与朋友和邻居分享了这次经历，希望更多的宠物主人能够意识到餐桌食物对宠物健康的潜在风险。他希望自己的故事能够帮助其他宠物主人避免出现类似的错误，让所有的宠物都能享有一个安全和健康的生活环境。

【小夏博士有话说】

由饮食导致的急性肠炎在宠物中很常见。常见病因包括：食物质量不好、摄入细菌性肠毒素或霉菌毒素、对食物成分过敏或不耐受及消化功能低下等。如果突然改变饮食类型，有些动物（尤其是幼犬、幼猫）则不能消化或吸收某些营养物质。

急性肠炎临床上常表现为不明原因的腹泻，尤其是幼犬和幼猫。症状为腹泻（可能呕吐）、脱水、发热、厌食、沉郁、腹部疼痛。幼龄动物可能出现低体温、低血糖和昏迷。

通常在更换新日粮后1~3天内，宠物可能发生轻度至中度腹泻。如排除寄生虫感染或其他潜在病因，这种由饮食变化引起的腹泻通常不会伴随其他明显症状。根据病史、体格检查及粪便检查可排除其他常见病因。如饮食改变后不久即发生腹泻（如宠物刚被购买回家），则怀疑与饮食相关，但也可能是传染病的早期症状。宠物应定期进行肠道寄生虫检查，虽然寄生虫不是导致本病的主因，但它可促使本病发生。

参考文献

[1] STEPHEN J E. Textbook of Veterinary Internal Medicine [M]. 8th ed. St Louis：Elsevier Saunders，2017：3661-3671.

29. 疼痛难忍的"腹中火"

周末上午十点多，晓阳醒来，在一片寂静中，他感到一丝异常。通常情况下，宠物狗欢欢会在七点准时地叫醒他，示意他该起床为它们准备美味的早餐了。晓阳心生疑惑，走出卧室开始寻找欢欢。在房间的一角，他发现欢欢蜷缩着身子，在看到主人出现时，欢欢并没有动，只是摇了摇尾巴，旁边碗里是没见减少的晚饭。这让晓阳更加困惑，因为通常一晚过去，欢欢不会剩下任何食物，一看到他就会欢天喜地地扑上来迎接，催促他赶紧把早饭备好。心存疑虑的晓阳为欢欢更换了新鲜的食物，像平时一样呼唤它前来进食。然而，欢欢听到主人的叫声后站了起来，却并没有动身去吃饭。相反地，它弓起了背，发出急促的呜咽声。晓阳的内心瞬间升起一股不安，他迅速走到欢欢身边，试图了解发生了什么。晓阳从头到脚抚摸欢欢，想知道欢欢是不是在晚上受了伤。谁知当他触碰到欢欢的肚子时，欢欢突然发出一声痛苦的哀嚎，紧接着开始呕吐。由于没吃晚饭，欢欢只吐出了一些淡黄色的泡沫，但很明显的是，它依然极度不舒服，弓着背蜷缩在一起，频繁舔嘴。晓阳从未经历过这种情况，眼见着欢欢似乎更加虚弱了，他连忙抱起欢欢，驱车前往宠物医院。

在宠物医院，小夏医生倾听了晓阳描述的一切。了解到欢欢是毫无征兆地突然出现不进食、腹痛、呕吐的状况后，小夏医生询问起了欢欢发病前的饮食情况。晓阳解释道："我总是经不住欢欢可爱的乞求,在饮食上除了狗粮,经常会分享自己的食物给它。在发病前一天晚上,由于是星期五,下班后我买了上好的五花肉回家准备改善伙食,欢欢馋得又是打滚又是作揖,我还是没忍住分了一块给欢欢。"意识到可能自己才是"罪魁祸首",晓阳悔不当初,连忙询问欢欢病情严不严重。在对晓阳的紧张情绪稍加安抚后,小夏医生为欢欢进行了体格检查。当小夏医生触诊欢欢的肚子时,欢欢颤抖着发出尖叫,回头看向小夏医生。另外,小夏医生还发现,欢欢的心跳频率与呼吸频率都明显上升,还有轻度的脱水征兆。小夏医生向晓阳解释道,欢欢弓背的姿势、触诊时的哀嚎,以及呼吸与心跳频率的上升都提示它正经历着剧烈的腹痛。同时,呕吐及饮食上突然大量摄入油脂,也都一并提示着欢欢目前最有可能患有犬胰腺炎。但要确诊这一疾病,还需要进行一些其他的检查以获取更为全面的信息。于是,小夏医生给欢欢开具了血常规、血液生化学检查、犬胰脂肪酶免疫反应性(Canine Pancreatic Lipase Immunoreactivity, cPLI),以及腹腔超声检查。在拿到检查报告后,小夏医生向晓阳展示了欢欢上升的血液cPLI水平,并解释了腹部超声提示的异常,初步确诊欢欢确实患有犬急性胰腺炎。晓阳非常困惑,明明小狗的祖先是无肉不欢的狼,怎么一块红烧肉就吃出了胰腺炎?小夏医生表示,这是宠物主人们常见的疑惑与误区。虽然宠物狗确实由狼驯化而来,但它们在漫长的与人类生活的过程中,机体逐渐适应了人类的饮食习惯,长出了用于研磨的白齿,也具备了消化碳水化合物的能力。现在它们的饮食结构和狼可谓天差地别。虽然犬胰腺炎具有多种多样的致病因素,但在医院里最为常见的就是高脂饮食。它们的胰腺过度亢奋,分泌的消化酶被提前激活,开始消化胰腺本身。尽管犬胰腺炎目前还没有什么十分有效的特效疗法,但欢欢病情比较稳定,小夏医生建议可以先进行输液治疗,纠正欢欢目前的脱水

与电解质失衡情况,也能改善胰腺及其他器官的血流供应。小夏医生还说,尽管欢欢目前恶心呕吐,不想吃东西,晓阳依然应该鼓励它进食少量易于消化的低脂食物,以少食多餐为宜。"那是当然,我肯定不会再给它红烧肉了。"晓阳说道。

在几天的休养与治疗后,欢欢的状态逐渐好转,它的各项指标也都回归正常,晓阳可以放心了。临别前,小夏医生还额外叮嘱晓阳,除了胰腺炎,宠物长期进食人类的食物还有很多别的危害,包括肥胖、胃肠道异物、急性胃肠炎、食物中毒,以及食盐中毒等。全价犬粮才是它们和宠物主人方便快捷又科学健康的不二选择。晓阳决心牢记小夏医生的话,要给欢欢提供一个真正适合它健康成长的饮食计划。

  【 小夏博士有话说 】

急性或慢性胰腺炎:

1.病因。导致犬急性或慢性胰腺炎的直接病因尚不清楚,但已知多种高风险因素,包括肥胖、高脂饮食、基础代谢性疾病(糖尿病、肾上腺皮质功能亢进、甲状腺功能减退)、肝胆疾病、多种传染病(埃立希体、巴贝斯虫、血吸虫等),以及药物摄入等。

2.临床症状。急性胰腺炎患犬可能表现从轻微到危重的不同临床症状,常见症状为急性呕吐、腹痛、精神沉郁、厌食等。其他可能症状包括腹泻、呕血、便血,以及躁动不安等。严重病例可见发热或昏迷。

▲ 狗狗的不当饮食小心引起胰腺炎

3.诊断。可结合病史、临床症状、实验室检查和影像学检查进行经验性诊断。其中胰脂肪酶免疫反应性(Pancreatic Lipase Immunoreactivity,PLI)是诊断胰腺炎的特异性指标;组织病理学被认为是诊断胰腺炎的金标准,但缺乏炎症细胞并不能排除胰腺炎的存在,因为炎症浸润可能是高度局限性的。

4.治疗。犬胰腺炎主要采取支持疗法,治疗目的包括恢复良好的组织灌注、限制传染性病原体的扩散、减少胰腺炎对机体局部及全身性的影响,并同时治疗存在的并发疾病。

参考文献

[1] CRIDGE H, TWEDT D C, MAROLF A J, et al. Advances in the Diagnosis of Acute Pancreatitis in Dogs [J]. J Vet Intern Med, 2021, 35(6): 2572-2587.

[2] RUDINSKY A J. Laboratory Diagnosis of Pancreatitis [J]. Vet Clin North Am Small Anim Pract, 2023, 53(1): 225-240.

[3] STEINER J M. Diagnosis of Pancreatitis [J]. Vet Clin North Am Small Anim Pract, 2003, 33(5): 1181-1195.

30. 夜半咳嗽入梦来

近一段时间，随着气温骤降，支原体肺炎、流感等多种呼吸道病原体都处于流行阶段，不少市民接连中招，晓阳公司的同事也接连病倒，好在他暂时还没有感染。这天夜里，晓阳梦见有人在自己周围不停咳嗽，真是"日有所思，夜有所梦"，当他睁开双眼，发现他不是在做梦，而是确实听到了急促的咳嗽声，打开灯发现原来是晓阳养的柯基奇奇正在剧烈咳嗽。

晓阳立刻带着奇奇来到宠物医院就诊，正巧今天是小夏医生和小汪助理在值班。在听了晓阳的描述后，小夏医生和小汪助理对奇奇进行了初步检查，看到晓阳坐立不安的样子，小夏医生道："奇奇可能是像我们人类一样'感冒'了，但是能够引起狗狗'感冒'的原因很多，包括很多种病毒、细菌等，因此需要进行一些检查才能确定病因。"在小夏医生的吩咐下，小汪助理为奇奇进行了血常规、生化等常规检查，同时采集呼吸道样本，用于进行呼吸道病原检测，还进行了胸部X射线检查以确定肺部感染情况。

过了一段时间，小夏医生告诉晓阳，引起奇奇"感冒"的是犬流感病毒。小夏医生介绍道："犬流感是一种由犬流感病毒引起的急性接触性呼吸道传染病，多表现为持续发热、咳嗽、流涕，甚至呼吸急促等症状。"晓阳听后挠挠头："我家狗狗怎么就得了流感呢？"小夏医生解释说："犬流感病毒主要通过直接接触传播或接触污染用具间接传播，一些毒株也可通过飞沫经空气传播，也许这几天奇奇接触了其他感染流感的狗狗，而且最近气温变化大，别说是狗狗了，人的免疫力也容易下降，所以平时一定要注意保暖呀。"晓阳沉思了一会儿，突然想到上周自己出差的时候，曾经把奇奇寄养在了宠物店，想必是在那里被其他狗给传染了。晓阳问道："这个流感和人得的流感是一样的吗？那奇奇会不会传染我呀？"小夏医生笑笑："放心，到现在为止，相关研究并未发现犬流感能对人造成感染，正常保持清洁卫生就可以。"

小夏医生针对奇奇的感染开具了一些抗病毒药物和一些用于预防继发感染的抗生素，由于奇奇精神状态低迷，也没有食欲，需要进行输液治疗，提高奇奇的免疫力。在小夏医生的治疗和小汪助理的精心护理下，奇奇逐渐恢复了健康，变回了过去天真快乐的模样。

▲ 狗狗咳嗽原因多，需小心甄别

【小夏博士有话说】

引起犬咳嗽的病因较多,包括微生物感染、过敏、异物刺激、心脏病和气管塌陷等。首先应识别咳嗽的严重性及伴随症状,如发热或精神萎靡。关键处理步骤包括:及时就医以确定具体原因,并按医生建议治疗;保持室内空气清新,定期清洁寝具;提供营养均衡的食物;选择温和运动,避免剧烈活动加重病情;定期接种疫苗和使用驱虫药预防疾病。及时的专业帮助和适当护理是确保宠物健康的关键。

31. 打翻的"潘多拉魔盒"

过年了,雅琴要回老家了。因为舍不得留守在房间里的猫咪们,雅琴决定带猫咪们一起回老家。经过了一天的长途跋涉,雅琴终于回到了熟悉的地方,见到了熟悉的亲人。雅琴的父母也提前给猫咪们准备好了猫粮和猫砂盆。猫咪们在经历了两天的探索后,逐渐熟悉了新的环境,一家人其乐融融。

但是在过年期间雅琴发现皮蛋去猫砂盆的次数越来越频繁,尿团也比之前要小,每次去猫砂盆蹲的时间有所变长。过年后雅琴带着猫咪们回到了家,发现皮蛋出现了食欲缺乏、乱尿甚至尿血的症状,雅琴立即带着皮蛋去了宠物医院。

这天在宠物医院坐诊的是小夏医生,雅琴将皮蛋的情况告诉小夏医生后,接诊的小夏医生通过体格检查发现皮蛋体温略高(39.1℃),腹部紧张且膀胱轻度充盈,初步诊断为下泌尿道综合征。

下泌尿道综合征大致可分感染性和非感染性以及阻塞性和非阻塞性,常见病因主要有特发性、结石、细菌、肿瘤或结构异常等。小夏医生给皮蛋开了血常规、生化检查、腹部X射线、腹部超声以及尿液检查,排查皮蛋可能患有的疾病。进一步的检查排除了细菌感染和结石的可能性,

并显示皮蛋体内存在炎症反应，但肝肾功能正常。与雅琴沟通后，送检尿液做细菌培养。三天后收到结果，显示未见细菌。

小夏医生拿到了皮蛋的检查结果后，排除泌尿系结石、细菌感染、肿瘤、结构异常等下泌尿道疾病，结合临床症状最终皮蛋的诊断结果是特发性膀胱炎（Feline Idiopathic Cystitis，FIC）。雅琴询问小夏医生，皮蛋为什么会患有FIC。小夏医生解答道，FIC的最常见诱因是应激，如猫咪最近过得不开心，再加上出现了搬家、客人到访、养了新猫、食物改变、天气变化等容易造成猫咪紧张的外界因素，就会出现FIC。因此严格进行环境管理，改善猫咪不满意的生活环境是疾病管理的重中之重。雅琴联想到自己过年带着猫咪长途跋涉回老家，猫咪在陌生环境住了十多天，然后又长途跋涉回来，给猫咪造成了巨大的压力，最后才导致皮蛋患病。

原来猫咪其实很敏感，以后一定要多加注意，不要给猫咪增加压力！

小夏医生给皮蛋开了口服的加巴喷丁，嘱咐雅琴需要给皮蛋增加饮水量，如给皮蛋多吃湿粮，在家里多设置基础猫咪饮水区，让皮蛋多喝水；将食物更换为泌尿道处方粮；增加猫砂盆，密切关注皮蛋的排尿情况；最后增加猫爬架数量，在猫咪生活的环境中使用费洛蒙，多陪猫咪玩耍来缓解它的情绪。

雅琴遵照小夏医生的嘱咐，改善了家里的环境，增加了饮水区，用药三天后，皮蛋的排尿症状明显改善，排尿次数减少，尿团大小正常，未见血尿。继续用药一周后复查血液炎症指标，均已恢复到正常范围，超声可见膀胱壁厚度也有所改善。

【小夏博士有话说】

猫特发性膀胱炎（FIC）的最常见诱因是应激，造成猫咪应激的原因有很多，包括猫咪活动减少、多猫家庭、天气突然变化、季节的交替、饲养环境的更换、猫主人的工作方式、有无新近增加的人员和动物、猫砂盆摆放位置的突然改变以及猫砂的改变、日粮及饮食的突然改变、环境中突然异常的声响，比如过年期间鞭炮的声响或隔壁邻居装修房屋时发出的异响等。

FIC的治疗原则是："解痉镇痛，环境管理。"镇痛可以依照医嘱使用加巴喷丁等药物，环境管理同样重要，需要做到以下几点：

1. 多喝水。挑选适合的饮水器并配合猫泌尿道处方粮使其增加饮水量，避免强喂，会导致猫更加抗拒饮水；

2. 如厕自由。增加猫砂盆数量，挑选它喜欢的猫砂，让它喜欢上厕所；

3. 快乐生活。多陪它玩耍，增加娱乐项目，让它生活有足够安全感，设置猫爬架，单独饲养猫咪。

参考文献

[1] HE C，FAN K，HAO Z，et al. Prevalence, Risk Factors, Pathophysiology, Potential Biomarkers and Management of Feline Idiopathic Cystitis：An Update Review [J]. Frontiers in Veterinary Science，2022，9：900847.

[2] FORRESTER S D，TOWELL T L. Feline Idiopathic Cystitis [J]. The Veterinary Clinics of North America. Small Animal Practice，2015，45（4）：783-806.

32. 小猫的"心病"

在平静的小镇里,雅琴和她的爱猫们生活在一起。皮蛋是一只活泼可爱的英国短毛猫,平日里总是活蹦乱跳。但是,自从前些日子给皮蛋洗澡之后,它就出现了一些异样,皮蛋不再像以前那样喜欢玩耍,而且食欲也有所下降,整日没精打采。雅琴最初没放在心上,认为可能是皮蛋心情不好,但随着时间的推移,皮蛋的状况没有任何好转的迹象。直到今天,雅琴下班回到家里,发现皮蛋并没有像往常一样来门口迎接,而是躲在角落里,张着嘴快速呼吸。雅琴才意识到皮蛋一定是生病了,于是带着皮蛋来到了宠物医院。

到了宠物医院,在简单询问病史和进行体格检查后,小夏医生告诉雅琴,皮蛋目前的情况非常危险,随时可能因为呼吸窘迫而窒息死亡。雅琴第一次遇到这种情况,一时间不知道该如何应对。经验丰富的小夏医生和小汪助理将皮蛋带去了抢救室。

经过吸氧和密切监护,皮蛋的呼吸明显平稳许多。小夏医生这才开始为皮蛋进行一些必要的检查,包括X射线和快速心脏超声。小夏医生告诉雅琴:"皮蛋被诊断为肥厚型心肌病(Hypertrophic Cardiomyopathy,HCM),并且心脏功能已经开始衰竭,出现肺水肿的倾向。"雅琴听到这个诊断结果时,感到非常震惊和担忧,因为她之前从未听说过这种病。

小夏医生详细地向雅琴解释了肥厚型心肌病的症状、原因和治疗方法。原来，肥厚型心肌病是一种在猫咪中常见的心脏病，这种病在发展出严重症状之前往往不易被发现，可能会长期处于没有症状的潜伏期。联想到皮蛋的病史，小夏医生推测皮蛋很早之前就患有肥厚型心肌病，而那一次洗澡的经历可能是导火索，因为洗澡带来的应激打乱了皮蛋体内脆弱的平衡，开始出现心脏病症状。雅琴听后深感忧虑，她问道："那皮蛋现在应该怎么办呢？"小夏医生回答："虽然肥厚型心肌病无法完全治愈，但通过适当的管理和治疗，可以有效控制病情的发展，延长猫咪的寿命。"

根据小夏医生的建议，除了每天必需的药物治疗以外，雅琴还开始调整皮蛋生活的方方面面。首先，控制体重，防止皮蛋过于肥胖。因为过于肥胖将会增加心脏的负担。其次，减少皮蛋的剧烈运动，以免过度劳累。但同时仍然有必要进行适量的温和运动，以保持皮蛋的身体和心理健康。最后，她还为皮蛋营造了一个安静舒适的环境，让皮蛋可以放松地休息和玩耍，避免其过度紧张或兴奋。按照小夏医生的指导，雅琴每天为皮蛋监测呼吸，具体做法是当皮蛋睡觉的时候默数1分钟内腹部起伏的次数，如果大于40次就说明病情出现了恶化。小夏医生还强调了定期复查的重要性。他告诉雅琴，需要定期带皮蛋来医院做心脏超声检查以监控病情的发展，并根据需要调整治疗方案。

随着时间的推移，皮蛋的状况在雅琴的悉心照料下有了明显改善。虽然偶尔会有一些不适，但总体上看起来比以前健康多了，雅琴还会定期带皮蛋去医院复查。

故事的结尾,雅琴坐在窗边,皮蛋安静地蜷缩在她的膝盖上。雅琴知道,尽管面对的是一种无法治愈的疾病,但她和皮蛋已经做到了最好。她们的生活虽然有了一些改变,但这些改变使她们的关系变得更加紧密,也让她们的生活更加充满爱和希望。

【小夏博士有话说】

肥厚型心肌病(Hypertrophic Cardiomyopathy,HCM)是一类在猫中较为常见的原发性心肌疾病,约占所有猫心脏病的60%。HCM雄性猫发病率是雌性猫的三倍,缅因猫、布偶猫、波斯猫和美国短毛猫具有品种倾向性。

患有肥厚型心肌病且进入临床期的猫可能会出现充血性心力衰竭和胸腔积液/肺水肿、左室流出道梗阻和心杂音、动脉血栓,甚至猝死。

HCM通过超声心动图诊断,但需排除可导致继发性心肌肥厚的病因(如甲状腺功能亢进、系统性高血压等)。HCM的具体治疗手段取决于患猫当前的临床分期,临床期患猫需终身服用利尿剂和抗血小板药物。

HCM的预后多样,有些HCM患猫可能终身不出现症状,出现充血性心衰后平均生存期为1~2年,出现动脉血栓的猫预后极差,大多数发病后出现猝死,或考虑生活质量对其进行安乐死。

参考文献

[1] FUENTES V L, ABBOTT J, CHETBOUL V, et al. ACVIM Consensus Statement Guidelines for the Classification, Diagnosis, and Management of Cardiomyopathies in Cats [J]. J Vet Intern Med, 2020, 34（3）：1062-1077.

[2] KITTLESON M D, COTE E. The Feline Cardiomyopathies：Hypertrophic cardiomyopathy [J]. J Feline Med Surg, 2021, 23（11）：1028-1051.

33. 打破尴尬的"尿尿困扰"

周一，晓阳发现家里有一些不知道哪里来的液滴状的液体。仔细观察后发现是狗狗在不经意间滴下来的尿液。晓阳以为是由于遛狗时间间隔过长狗狗想尿尿憋不住了，就增加了遛狗的频率。但是他发现欢欢在牵遛的过程中虽然尿尿的次数增多了，但每次排尿的量都很少。一开始晓阳以为只是欢欢正常的标记领地现象，就没有在意。然而到了周四，晓阳像往常一样早上出门遛狗，发现欢欢在多次作出排尿的姿势后，却尿不出来，并且表现出很急躁的样子，晓阳才察觉出情况不太对，立即带欢欢去了宠物医院。

今天宠物医院坐诊的是小夏医生，晓阳将欢欢的情况告诉小夏医生后，小夏医生开始给欢欢做体格检查。欢欢的口腔黏膜粉红，水合状态良好，体温、呼吸频率和心率未见明显的异常，胸部听诊未见心肺存在异常音。对其腹部进行触诊，发现其腹部紧张，可摸到欢欢的膀胱充盈。小夏医生给欢欢开了血常规、生化、腹部X射线、腹部超声及尿液检查，来排查欢欢可能患有的疾病，并且采取了超声引导下尿排空的操作来减轻欢欢膀胱的压力。

血常规检查显示白细胞数目高于正常值；生化检查显示欢欢的肾脏指标高于正常值；腹部X射线检查显示膀胱过度充盈，膀胱及尿道中可见多颗结石；腹部超声显示欢欢的膀胱过度充盈，膀胱及尿道内可见结石；超声引导下膀胱取尿后做显微镜直接检查,可见尿液中含有血细胞,并且有细菌。与晓阳沟通后送检做尿液细菌培养及抗生素敏感试验。

　　小夏医生拿到了欢欢的检查结果后,排除了肿瘤、结构异常等其余鉴别诊断疾病,结合临床症状最终欢欢的诊断结果是患有膀胱结石及细菌性膀胱炎。小夏医生跟晓阳沟通了治疗方案,欢欢已经出现了尿道结石,病情较急,决定立即让欢欢住院。第二天做手术将膀胱和尿道中的结石取出来,然后根据先前的细菌培养及药敏试验结果来选择合适的抗生素来治疗细菌性膀胱炎。小夏医生将取出来的结石送检做了结石分析,结果是草酸钙结石。晓阳询问小夏医生:"这种结石到底是如何形成的,以后还会复发吗?我以后要怎么预防结石形成呢?"小夏医生回答道:"草酸钙结石是猫狗最常见的结石类型,这次发病可能是欢欢平时喝水较少,活动时间不够,因此平时的饮食饮水要非常注意。"

　　小夏医生提醒晓阳,在手术后,给欢欢喂食的食物最好逐步改为专门设计的泌尿道处方粮。条件允许的话,推荐使用罐头食品,增加水分摄入,这有助于降低尿液中结石形成物质的浓度。为了防止草酸钙结石的再生,应控制日粮中的钙含量,不宜过高。在选择零食时,应优先考虑那些含水量高、热量低、草酸钙含量低的品种。日常应增加欢欢的运动量,多带它出去散步,以减少结石生成的风险。此外,保持欢欢生活环境的清洁与消毒,也是预防疾病复发的关键措施。但这种结石极易复发,一定要谨慎对待,认真观察症状,定期复查。

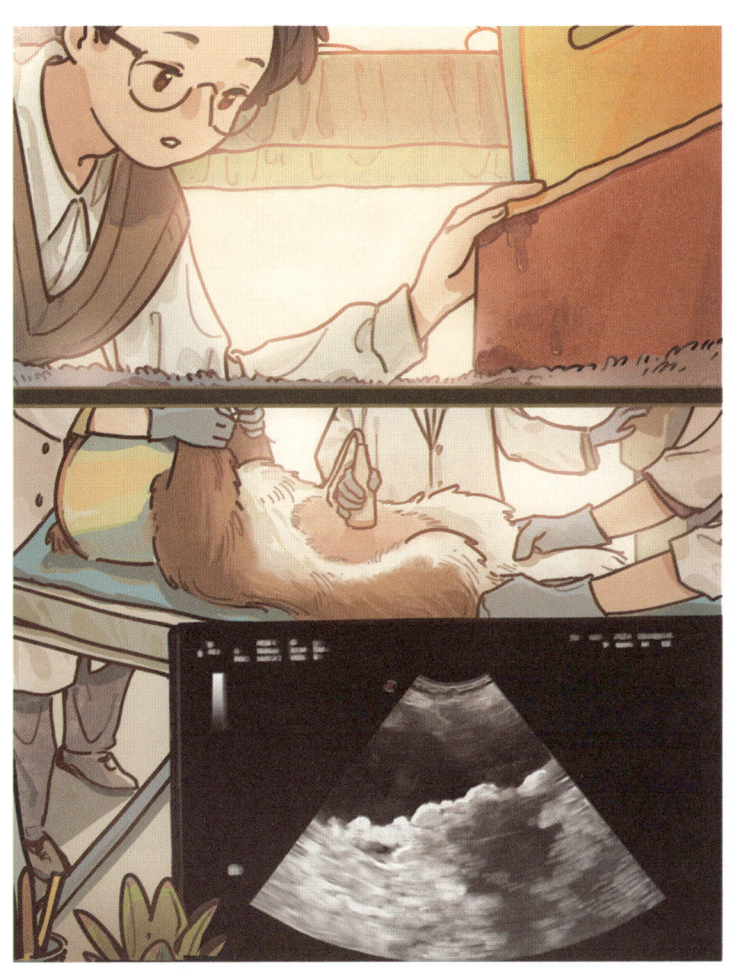

▲ 受结石困扰的狗狗

【小夏博士有话说】

　　猫狗膀胱结石发病原因较多，主要与环境、饮食、生活习性、疾病、医源性等因素有关。膀胱结石的形成需要漫长的过程，宠物主人需要在日常生活中细心观察动物的行为状态，以便及时发现相关症状并就医，避免错过最佳治疗时间。狗狗出现了尿频、滴尿等症状，如果未能得到及时治疗就会导致病情加重，膀胱内结石变多。一旦这种情况发生，就有可能导致膀胱破裂，同时会加大手术过程中的风险。

　　猫狗膀胱结石的预防尤为重要。平时饲喂宠物时应给予营养全面、均衡的全价日粮；有结石病史的猫狗，建议饲喂动物专用的泌尿道处方粮，对于一些特定种类的结石形成过程具有抑制作用；平时也要增加动物的饮水和运动，避免或减少结石形成。

参考文献

[1] STEPHEN J，ETTINGER E C，FELDMAN，et al. Textbook of Veterinary Internal Medicine [M]. 8th Edition：Elsevier，2017

[2] RICHARD W，NELSON C，COUTO C，et al. Small Animal Internal Medicine [M]. 5th Edition：Elsevier，2014

34. 猫狗"肥"典

文慧心情愉悦地准备着今年的购物节，打算给心爱的猫咪菲尔买两箱美味的零食。在手机上翻找着各类宠物零食的图片时，菲尔欢快地走到她身边，用喵呜的声音表示期待。文慧心生一股暖意，她将购物车里的零食订单确认了一遍，满怀期待地准备为菲尔带来一场美味的盛宴。菲尔跳到了桌子上，文慧喜悦地伸手摸了摸菲尔的头。菲尔则乖巧地躺下，露出圆鼓鼓的肚皮，仿佛在请求更多的宠爱。文慧摸了两下，突然感觉到菲尔的肚子有些鼓胀，和绝育手术前相比，明显变得更为圆滚滚。这时，文慧的心头涌上一丝不安。她突然想到了人类胖了容易患上各种疾病，宠物会不会也有类似的问题呢？她感到一阵疑虑，于是决定咨询一下小夏医生。

文慧预约了小夏医生的门诊，带着菲尔赶往宠物医院。迎接她的是小汪助理。小汪助理拿过文慧手中的猫包，感觉沉甸甸的，费了好大的力气才把菲尔放到了检查台上。小夏医生关切地询问："请问您是因为什么原因来检查菲尔的呢？"文慧认真地回答："我发现菲尔最近有点胖，担心这可能对它的健康有影响，所以特地带它来检查一下。"小夏医生微笑着点头,开始仔细地观察菲尔,同时询问了一些关于菲尔生活和饮食习惯的问题。在了解了相关信息后,小夏医生向文慧解释了宠物肥胖的严重性:"现在很多主人都喜欢宠物胖乎乎、软绵绵的样子,觉得很可爱,但其实这可能掩盖了潜在的健康风险。在我们的营养门诊,有超过三分之一的猫猫狗狗患有肥胖问题,这可能导致心血管疾病、糖尿病、高血压、高脂血症、关节炎、脂肪肝、泌尿系统疾病等,甚至出现呼吸困难和运动障碍。"文慧听了有些紧张,但也意识到了问题的严重性。小夏医生继续解释:"不用太过担心,菲尔现在确实存在肥胖的问题,它的身体状况评分(Body Condition Score,BCS:一种视觉和触觉结合的方法,用来评估宠物是否处于理想的体重状态)已经高达7/9分(7/9:超重——需要用力按压才能感觉到肋骨,腰部轮廓不明显,腹部可能开始下垂),高于理想体态的评分,但幸运的是,目前看起来还没有影响到身体的其他方面。"文慧松了一口气,但小夏医生紧接着补充说:"但这并不代表不需要减重,现在菲尔确实需要考虑减重问题。"小夏医生为菲尔开具了一些基础的项目检查,以更好地对菲尔的健康状况进行评估。

  在得到了所有的检查结果之后,医生耐心地解释着每项指标的含义,告诉文慧菲尔的身体状况。检验结果显示,菲尔目前虽然存在肥胖问题,但尚未引起其他方面的异常,这让文慧松了一口气。小夏医生接着说:"您先不要着急,我们会为菲尔制订一个减重计划。饲喂的方法需要做调整,选择使用能量密度低、有一定饱腹感的日粮,如可以把日粮逐步替换成减肥处方粮。如果菲尔是自由采食的,建议将饲喂方式由自由采食改为限量饲喂,每天将粮食分成3~4次喂食,控制每次的摄入量。""同时,要保障菲尔的运动量,可以用漏食球让进食变得更有趣味、更具难度,也可以在家里多添设一些菲尔喜欢的玩具增加运动量。"小夏医生继续解释着减重计划的各个方面，让文慧对如何帮助菲尔逐渐恢复理想的体重有了清晰的认识。"减重是一个渐进的过程，需要主人的耐心和配合。我们将定期进行跟踪检查，确保菲尔的健康状况得到有效控制。如果您有任何疑问或需要帮助，随时可以咨询我们。"

　　文慧听完医生的建议，心中更加明朗。她决心全力以赴配合医生的计划，让菲尔在良好的指导下逐渐回到健康的体重。医生的专业解释和细致的计划让她感到踏实，同时也更加了解到了宠物肥胖问题的严重性，决心在今后更加注重菲尔的饮食和运动管理。回到家后，她打开购物软件清空了购物车，开始购入减重的猫粮和引导菲尔运动的玩具。

▲ 肥胖猫猫可能引起的常见疾病

【小夏博士有话说】

肥胖对宠物和主人的生活质量均有负面影响，因此应当引起足够的重视并积极采取措施解决。

1. 对宠物主人的引导。采用指导性而非独裁的方法，避免强硬推行。应在可能的情况下提供建议，并与宠物主人共同探讨潜在的减肥障碍，如经济资源、家庭中其他宠物的影响及多人参与喂养的情况。

2. 制订减脂计划。制订一份初步的减肥计划，重点在于限制能量和卡路里的摄入。在实施热量控制的过程中，确保所选饮食满足宠物所有必需的营养素要求，包括蛋白质、维生素和矿物质。

3. 明确饮食选择和分量。明确规定饮食选择和每天的喂养量。零食也必须纳入考虑范围；如果宠物食用零食，应将其包含在每日卡路里目标内，并明确说明允许的零食种类和每日分量。

4. 定期进行体重监测。每2~4周进行一次体重监测，以评估初步计划的有效性。如果计划未见效果，首先需检查其执行情况，并找出未落实的原因。如果计划已经实施，但效果仍不理想，则需要进一步减少卡路里的摄入。

参考文献

[1] BROOKS D，CHURCHILL J，FEIN K，et al. AAHA Weight Management Guidelines for Dogs and Cats [J]. Journal of the American Animal Hospital Association，2014，50（1）：1-11.

[2] WEBB T L，DU PLESSIS H，CHRISTIAN H，et al. Understanding Obesity Among Companion Dogs：New Measures of Owners Beliefs and Behaviour and Associations with Body Condition Scores [J]. Prev Vet Med，2020，180：105029.

[3] LINDER D, MUELLER M. Pet Obesity Management: Beyond Nutrition [J]. Vet Clin North Am Small Anim Pract, 2014, 44（4）: 789-806.

[4] LARSEN J A, VILLAVERDE C. Scope of the Problem and Perception by Owners and Veterinarians [J]. Vet Clin North Am Small Anim Pract, 2016, 46（5）: 761-772.

35. 宠物的脑电风暴

在一个阳光明媚的上午，阳光透过树叶洒在小城的街道上。行人匆匆走过，享受着清新的空气。小夏医生终于有了短暂的休息时光，"丁零零……"电话突然响起，小夏医生迅速跑到前台接起电话。

电话那头传来晓阳焦急的声音："小夏医生，要怎么办啊？刚刚巴克突然倒地抽搐，持续了一分钟，为什么会这样啊？"小夏医生意识到了事情的严重性，让晓阳立马带巴克到医院来做全身检查。

很快，小夏医生就看到了晓阳匆忙赶来的身影。细心的晓阳给小夏医生看了刚刚巴克倒地抽搐的视频，视频中的巴克疯狂吠叫，四肢呈划水动作。看完视频，小夏医生又向晓阳询问了巴克最近的饲养、免疫、出行、创伤和接触可能导致中毒物质的情况及相关病史和用药史等。晓阳补充道："它最近总是嗜睡，还经常感到焦躁，一周前巴克也有过一次短暂的抽搐，只不过当时持续几秒钟便恢复正常了，因此我并没有放在心上。"

小夏医生温柔地说道："抽搐的原因是多种多样的，我们需要先确定或排除可能的原因之后再进行下一步的诊断和治疗。"同时安排医生对巴克进行相应的检查。血常规、尿检和生化检查结果并无明显异常，可以排除肝肾功能异常及代谢性疾病引起的抽搐。

小夏医生皱起眉头，深思熟虑后决定进行进一步的检查。他向晓阳解释道："虽然血常规、尿检和生化结果没有发现异常，但我们还需要进一步排除其他可能性。我建议为巴克进行脑部核磁（Magnetic Resonance Imaging，MRI）和脑脊液检查，以便更全面地了解抽搐的原因。"

随即，小夏医生安排神经专科医生为巴克进行了高阶检查。经过与神经专科医生的一番探讨，认为巴克是特发性癫痫，无明显的病因。"癫痫是一种慢性疾病，我们需要综合考虑药物治疗和生活管理的方法来控制病情。我会为巴克制订一份详细的治疗计划，并教给你一些日常护理的技巧。"小夏医生说道。

小夏医生开始为巴克制订药物治疗方案，并详细说明了药物的用法和可能的不良反应。他还建议晓阳在巴克的生活中保持规律性活动，避免刺激性的因素，如过度劳累和兴奋。此外，小夏医生还给出了一些建议，包括定期的随访、饮食管理和对异常症状的观察。

在小夏医生的精心治疗和晓阳的细心呵护下，巴克的病情逐渐得到了控制。虽然癫痫是一种需要长期管理的慢性病，但巴克重新获得了稳定的生活。在小夏医生和晓阳共同努力下，巴克在温暖的家庭中得到了全部的关爱。

【小夏博士有话说】

癫痫根据病因可以分为反应性癫痫、结构性癫痫和特发性癫痫。犬特发性癫痫相对结构性癫痫较常见，高发于6月龄~6岁。而猫咪首次诊断为特发性癫痫的年龄差异很大。30%~60%的猫咪患有特发性癫痫，在1岁以下被诊断为癫痫发作的猫咪中，特发性癫痫约占26%。

特发性癫痫的诊断是一种排除性诊断，基于癫痫性发作起病时的年龄，发作期间体格检查和神经学检查无明显异常，以及通过诊断调查排除代谢性、中毒性和结构性脑部疾病。

抗癫痫药物治疗的理想目标是在控制癫痫性抽搐发作和维持病患的生活质量之间取得平衡。在狗身上，根除抽搐发作通常是不可能的。在选择抗癫痫药物治疗时需要考虑多个因素，包括抗癫痫药物特异性因素（如安全性、耐受性、不良反应、药物相互作用、给药频率）、与狗狗相关的因素（如抽搐发作类型、频率和病因、潜在病理如肾/肝/胃肠道问题）及与宠主相关的因素（如生活方式、经济状况）。

参考文献

[1] 邱文粤，庞晓月，章心婷，等.犬特发性癫痫及其研究进展[J].广东畜牧兽医科技，2022，47（3）：92-97.

[2] THOMAS W B. Idiopathic Epilepsy in Dogs and Cats [J]. Vet Clin North Am Small Anim Pract，2010，40（1）：161-79.

[3] BHATTI S F，DE RISIO L，MUÑANA K，et al. International Veterinary Epilepsy Task Force Consensus Proposal：Medical Treatment of Canine Epilepsy in Europe [J]. BMC Vet Res，2015，28（11）：176.

[4] DE RISIO L，BHATTI S，MUÑANA K，et al. International Veterinary Epilepsy Task Force Consensus Proposal：Diagnostic Approach to Epilepsy in Dogs [J]. BMC Vet Res，2015，28（11）：148.

36. 迷雾中的瞳孔

阳光透过窗户洒在客厅地板上，照在文慧与毛毛的身上。平时充满活力的毛毛似乎有了些不同。文慧坐在沙发上，看着毛毛在房间里游走，发现了一些令人担忧的变化。毛毛曾经是一只喜欢在阳光下奔跑、追逐玩具球的金毛，它的活力和灵动是家里的一抹亮色。然而，今天，文慧观察到毛毛在家中行动变得犹豫，时常碰到桌椅和其他障碍物。在它过去熟悉的区域里，步伐略显摇摆，仿佛失去了原本的自信。最令文慧关注的是在游戏时间里，毛毛的变化尤为明显：曾经灵活地追逐着滚动的球的毛毛，如今的追踪动作显得特别迟缓。文慧留意到毛毛时常用鼻子摩擦物体，这些异常的迹象令文慧开始担忧，她决定立即带毛毛去看医生，搞清楚这些变化的原因。

文慧匆匆赶到宠物医院，焦急地寻找小夏医生的诊室。一进门，她立刻向小夏医生述说了毛毛最近的异常行为："毛毛最近对玩具都不感兴趣了，并且之前每天都着急出门，现在安静了很多，下楼梯也犹犹豫豫的，而且最近发现出门的时候总是会撞东西，我怀疑是不是眼睛出了什么问题，所以来看看。"小夏医生专注地听着，然后让文慧把毛毛放到检查台上。小夏医生轻轻吓唬了一下毛毛，但毛毛并没有迅速作出反应。这让小夏医生产生了一些担忧，于是建议文慧带着毛毛去眼科医生那里做更详细的检查。

眼科医生仔细检查了毛毛的眼睛，他发现毛毛的眼睛有些白色的浑浊，得出了一个令人不安的诊断："毛毛得了白内障，可能是由于年纪较大导致的。"文慧闻言心情沉重，她回到小夏医生的诊室，小夏医生看了检查结果后告诉她："白内障的治疗通常分为保守型和积极型两种，保守型是使用相应的眼药水，延缓白内障的进程；积极型是做手术，当然年纪大的狗狗手术麻醉的风险更大，看您如何选择。"文慧思考了一会儿，最终决定选择保守治疗。小夏医生开了抗氧化剂和非甾体抗炎药的眼药水，并嘱咐小汪助理详细讲解居家护理的注意事项。

小汪助理递给文慧一份护理须知，认真地说："您回家后需要寻找生活场所中的'潜在风险'。需要蹲下让您的视线高度与宠物一致，观察宠物活动区域中有哪些障碍物，如家具、墙壁拐角、楼梯、阳台、植物等。"小汪助理细致入微地解释着如何对待不同的障碍物，如何确保宠物的生活环境安全。听着小汪助理的科普，文慧感到焦虑和担忧，但小汪助理深知她的情绪，轻声安慰道："没事的，当您的宝贝正在承受视力减退甚至失明给生活带来的巨大变化

时，宝贝和家长都可能会经历一段焦虑、困难的时期。但是在这个过程中，家长的耐心和陪伴是必不可少的，家长也有责任为宝贝提供一个安全的生活环境。"文慧点点头，稍稍安心了一些，决心全力以赴照顾好毛毛。

回到家后，文慧按照小汪助理的要求，仔细检查了家里的环境并排除了风险因素。她轻轻摸着毛毛的头说："你陪伴了我这么久，现在该我来照顾你啦！"这句话充满着对毛毛的深深的关爱，也宣告了她对宠物的责任与决心。

【小夏博士有话说】

宠物视力障碍可能由多种因素引起：

1.老龄化。随着年龄的增长，宠物的眼睛可能会出现自然老化现象，如晶状体硬化或视网膜退化，导致视力下降。

2.眼部感染。细菌、病毒或真菌感染可引发结膜炎、角膜炎等疾病，导致眼睛发红、分泌物增多和视力受损。

3.结膜炎。结膜炎症会导致眼睑肿胀、分泌物增多和眼睛发红，严重时会影响视力。

4.白内障。晶状体变得浑浊，影响光线通过，初期可能出现轻微视力模糊，后期可能导致完全失明。

5.青光眼。眼压升高会损害视神经，导致视力逐渐丧失，常伴有眼球突出、疼痛和流泪等症状。

如果宠物出现视力障碍的症状，务必及时就医，以便尽早诊断和治疗。

37. 狗狗的"甜蜜负担"

"汪！汪！汪！……"文慧一边听着毛毛不断的叫声，一边感到有点无奈。这已经是毛毛今天第4次要求出门了。"好了，我们出门溜达一下！"毛毛听到出门的消息，高兴得尾巴摇摆不已。刚刚到了楼下，毛毛突然停下来，摆出了一副"我要上厕所"的样子。文慧有点儿奇怪，因为毛毛一直是只很懂规矩的狗狗，从来没在这种地方随地大小便过。然而，毛毛居然直接在道路中间排尿了，文慧觉得可能是毛毛闻到了其他狗狗的气味，想留下自己的味道。

然而，两周后的一天，文慧下班回家时却发现了不同寻常的情景。毛毛没有像往常一样蹦蹦跳跳地迎接她，反而耷拉着头，精神状态有点差。文慧心里有了一丝不安，她摸了摸毛毛的背，突然感觉摸到了毛毛的脊椎骨。平时胖乎乎的毛毛居然瘦了很多，这让文慧感到非常吃惊。文慧开始留意毛毛的行为。她发现毛毛喝水的量越来越多，吃的狗粮也越来越多，家里准备的一天量的水和食物半天就能被它吃完，但它却越来越瘦。文慧感觉大事不妙，于是赶紧预约了小夏医生的门诊，急匆匆地赶往宠物医院。

小夏医生听了文慧的描述，尤其是听到毛毛喝得多、尿得多、吃得多，他又想起了毛毛的白内障的病史，皱起了眉头。"毛毛之前很胖吗？"小汪助理询问文慧。"是的,之前胖胖的很可爱,怎么会突然瘦这么多呢?"文慧回答道。

接下来,小夏医生决定进行一系列评估,以便全面地了解毛毛的健康状况。小汪助理为毛毛抽取了一些血液,进行了全血细胞计数和生化检查,还收集了毛毛的尿液进行分析。小夏医生告诉文慧,这是为了确保她能够对毛毛的整体健康状况有一个清晰的认识。

结果出来后,小夏医生仔细地分析了血液和尿液的检测数据。他发现毛毛的血糖水平异常高,尿液中还检测到了大量的糖。这令他产生了一个初步的猜测——毛毛可能患上了糖尿病。小夏医生向文慧解释了糖尿病的一些基本概念。"糖尿病是一种持续存在高血糖的代谢性疾病,狗狗和猫咪也会和人一样受到这一困扰。而毛毛的症状,如食欲增加、多饮多尿及体重下降,都与糖尿病的典型表现相符。"

为了进一步确诊和判断糖尿病的程度,小夏医生决定进行血清果糖胺浓度及血酮的检测。果糖胺浓度的升高印证了小夏医生的初步猜测,毛毛的糖尿病得到了初步的确诊,并且血酮的升高表明毛毛的糖尿病已经处于比较危重的状态。虽然这个诊断让文慧感到非常担忧,但小夏医生迅速安抚了她的情绪。他告诉文慧,糖尿病是可以通过一系列的治疗和管理措施来控制和缓解的,需要毛毛住院治疗的稳定血糖,文慧连忙办理了入院手续。

毛毛住院期间,小汪助理会时不时地去住院部探望它,通过短效胰岛素和长效胰岛素的先后使用,毛毛的血糖值逐渐下降并稳定了下来,精神状态也逐渐恢复,尿液中的糖也下降到正常值。

终于到了出院的这一天,文慧一早就等在了住院部的门口,当小汪助理牵着活蹦乱跳的毛毛出来时,文慧激动得热泪盈眶。小汪助理对文慧说:"虽然它现在已经恢复了很多,但狗狗的糖尿病和人一样,需要长期使用胰岛素来控制,可千万不能掉以轻心,回家后的治疗和监测才至关重要。你需要给它饲喂糖尿病专用的处方粮,记录它每天的精神状态、食欲,观察饮水量是正常还是比平时多,并且及时给它注射胰岛素。我们在监测糖尿病的时候,观察有没有疾病症状要比对比指标数据的变化更重要。如果没有疾病症状并且体重稳定甚至增加,意味着糖尿病控制得还不错。胰岛素一定要按照医生说的剂量和使用频率使用,不然会发生低血糖,甚至危及生命。如果出现任何异常应及时就医!"文慧连连答应,但她突然想起了家里的小猫咪们,她好奇地询问小夏医生:"猫咪会有糖尿病吗?"小夏医生回答道:"猫也存在糖尿病,虽然发病的机制和犬不同,但基本的临床症状都是和犬相同的,如果发现了多饮、多尿、多食、体重减轻的临床症状一定要及时就医。"文慧谢过小夏医生和小汪助理,回家当晚就开始学习宠物糖尿病的知识,发现居家的控制和监测的确尤为重要。突然,毛毛凑了过来,用鼻子蹭了蹭她,文慧开心地摸了摸它的头,对它说:"糖分悠悠,你可别忧愁哦。"

 【小夏博士有话说】

1.病因。糖尿病是一种常见于老年宠物的代谢性疾病,诱发因素包括肥胖、某些疾病(如猫肢端肥大症和肾脏疾病;犬肾上腺皮质功能亢进、高甘油三酯血症、甲状腺功能减退;猫狗的牙科疾病、全身性感染、胰腺炎、怀孕/发情期)

或药物（类固醇类、孕酮类、环孢菌素）引起的胰岛素抵抗。遗传是个可疑的风险因素，某些品种的犬（澳大利亚猎犬、比格犬、萨摩耶、荷兰卷尾狮毛犬），以及缅因猫（尤其是在澳大利亚和欧洲地区）更容易患病。

2.临床症状。典型的"三多一少"：吃得多、喝得多、尿得多、体重减轻、逐渐消瘦。严重者还有呕吐、脱水、体温降低、意识不清，甚至昏迷等症状。

3.治疗。糖尿病患病宠物的治疗原则是给予胰岛素和特定饮食（糖尿病处方粮）。治疗目标是缓冲临床症状，控制体重，预防糖尿病并发症和低血糖发作。

38. 地盘之争战败后

晓阳带着巴克在公园里散步,突然从树丛中窜出一只柯基犬,不知道是谁家养的狗狗,居然没有绑牵引绳,巴克立刻警觉起来,两只狗狗瞬间剑拔弩张。晓阳心想不好,这片区域一直是巴克的"领地",今天猛然跳出一个"不速之客",巴克一定想驱赶它。两只狗狗大眼瞪小眼,僵持了很久,晓阳拉拉绳子想把巴克带离这个是非之地,谁料对方一个飞扑扑向有些被牵引绳拽偏的巴克,只见它重重地咬上巴克的脖子,开始甩头撕咬,这可把晓阳吓得魂飞魄散,慌张地拿包打向柯基犬。柯基的头部重重挨了一下,惨叫一声,松开嘴跑远了。晓阳抱着血流不止的巴克直奔宠物医院。

"急诊!急诊!"晓阳大老远就开始喊,小夏医生和小汪助理匆匆地将巴克拉进处置室,对伤口进行处理。好在晓阳及时赶走了"罪犯犬",并没有对巴克造成更深的伤口,血也很快止住了。小夏医生向晓阳解释道:"狗狗之间的咬伤最常见的是撕裂伤和穿透伤。小的皮肤穿刺伤可能看起来无关紧要,但具有欺骗性。牙齿穿透皮肤后,撕裂下面的组织,从而造成进一步损伤。由于皮肤是有弹性的,在牙齿穿透后,皮肤可以随着牙齿移动,不会导致额外的损伤。而深部的组织会产生一个牙齿贯穿的通道,如果不进行处理,皮肤很快愈合,而内部组织没有进行清创则会愈合不完全,往往会造成脓肿或者更严重的危害。

巴克现在就是这样的情况,我们需要无菌地将皮肤切开一部分,对深部组织进行清创,然后让伤口从内而外地长好。"晓阳脑子一片混乱,但他知道现在相信医生是最明智的选择,他点点头说:"只要能让巴克好起来,怎么样都可以。"

伤口很快处理好了,包扎得很整齐。小汪助理很耐心地向晓阳讲解换药的流程,小夏医生则开了一些促进伤口愈合、有利于脓液排出的药物。晓阳回到家后每天谨遵医嘱对伤口进行换药,用生理盐水对伤口的渗出物进行清洗,之后薄薄地涂上药物后用干净的纱布和绷带重新包扎好。慢慢地,伤口的流脓越来越少,新生的肉芽形成粉嫩的组织,皮肤也慢慢愈合,剩下光秃秃的皮肤讲述着之前发生的"惨案"。

最后一次去医院复查,小夏医生检查完伤口后对晓阳说:"任何伤口的愈合过程都是从受伤开始的,包括四个发展阶段:炎症、清创、修复和成熟。一旦伤口出现,炎症阶段就会立即开始。而后由于免疫系统开始处理污染细菌和死亡组织,血凝块逐渐形成。几小时后开始清创阶段,即伤口产生渗出液,形成坏死组织,免疫细胞形成脓液。脓液将这些废物带出伤口。之后的几个星期伤口边缘将开始产生湿润的粉红色组织,填充伤口。巴克已经度过了前三个阶段,在最后的两周或三周后,大量胶原蛋白沉积下来,疤痕开始形成,并随着时间的推移变得更加牢固。随着心血管和神经的生长,组织会自我重组。"小夏医生继续说:"等巴克的皮肤完全愈合就好了,这期间因为新生皮肤的生长,他可能会用后腿挠,而严格佩戴'伊丽莎白圈',这样就可以一定程度避免抓挠带来的伤害。"他给晓阳示范了一下如何给巴克佩戴"伊丽莎白

圈"。小汪助理看见恢复得很快的巴克也笑起来,说道:"还好巴克伤得不深,狗狗的咬伤类似于撕裂伤,有些伤口深的会有脓液在深处排不出来时放置引流管,然后缝合伤口的边缘。如果皮肤伤口的面积特别大,搞不好还需要皮肤移植呢。"晓阳听了也是心有余悸,向他们道别后离开了医院。

▲ 狗狗的"领地"之争

 【小夏博士有话说】

狗狗可能为食物、领地、支配权或主人的关注而争斗。狗狗斗殴通常发生在两只成年犬第一次相遇,谁也不退缩的时候。狗狗遵守等级制度,如果两只占统治地位的狗狗相遇,它们会一直争斗,直到其中一只屈服。雌性可能会为保护它们的幼仔、食物来源或对养育幼仔所需的宝贵资源的感知威胁而战斗。所以在城市中养犬，佩戴牵引绳十分重要。

在所有与创伤相关的兽医就诊中，10%~15%与咬伤有关。犬下颚的力量会造成严重和广泛的伤害。它们造成的伤口可以挤压或撕裂肌肉和皮肤，穿透胸壁导致肺萎陷，或对肠道等器官造成致命的伤害。

咬伤通常发生在腿部、头部或颈部。颈部容易受伤的重要结构包括主要血管、神经、食道和气管。脸上的伤口会对眼睛、耳朵或嘴巴造成严重伤害。腿上的咬伤，有可能伤及骨骼和关节。最危及生命的伤口发生在颈部和腹股沟区域。由于犬的嘴里充满了细菌，任何刺破皮肤的咬伤都会在皮肤表面下方引入细菌或其他传染性病原，细菌可以在那里繁殖并扩散到下面的组织中。如果不及时治疗，受感染的咬伤伤口中的细菌会导致局部脓肿，或更广泛的蜂窝织炎扩散到周围区域。在极少数情况下，穿透性咬伤会导致脓毒性关节炎（关节感染）、骨髓炎（骨骼感染）、脓胸（胸膜腔感染）或脓毒性腹膜炎（腹膜后感染）。

39. 宠物的"难言之隐"

雅琴最近发现自家的小核桃的肚子越来越圆，精神状态也逐渐低迷，本来以为只是单纯的长胖，但小核桃的食欲越来越差，甚至出现呕吐的症状，雅琴心想小核桃莫不是怀孕了，可周围也没有适龄的公猫呀，如果不是怀孕，会不会是传染性腹膜炎产生的腹水让肚子越来越鼓呢。她越想越害怕。这到底是怎么回事呢？带着一肚子的疑问，雅琴决定带小核桃到宠物医院进行检查。

小夏医生一触诊，就发现小核桃腹围增大，似桶状，可感知充实粗大的肠管，他问雅琴："你家小核桃最近上厕所的频率还正常吗？"

一语点醒梦中人，雅琴说出了小核桃最近的异常之处，"这几天确实频繁地去猫砂盆，有时候好像会叫，但因为家里猫咪不止它一只所以也不知道它排便正不正常。"

小夏医生点点头，让小汪助理带着小核桃去拍一下腹部的X射线，他向雅琴说出了自己的怀疑："小核桃可能是便秘了，严重可能出现巨结肠，不过你也不用太担心，确诊后我开些润肠通便的药物，看看能不能正常排便。"

雅琴一脸震惊，"原来不光是人，猫也会便秘啊！"小夏医生点点头。"对于人类来说便秘的定义比较模糊，具有主观性，通常指排便不适或排便不通畅。在宠物中，便秘通常指由于各种原因导致结肠或直肠内粪便蓄积且排便频率下降，从而出现排便困难的情况，一部分是特发性的，但另一部分是由于肠道功能的永久性丧失而导致顽固性便秘，往往会引起难治的复发性便秘。无论猫咪的年龄和健康状况如何，都可能发生便秘，这个问题在中老年猫中会更常见。有些不爱喝水，尤其是当喂食干粮时，它们患便秘的风险更高。任何导致脱水的情况都可能导致便秘。久卧和肥胖也是危险因素。"

"你家宠物是不是不爱喝水呀。"雅琴点点头道："小核桃平常确实不爱喝水，每天也躺着不爱运动。'巨结肠'又是怎么回事呢？"小夏医生说："这种叫'巨结肠'的疾病，可能是便秘的主要原因，也可能是严重便秘的继发结果，它最常见于体重超重的中年雄性猫。随着时间的推移，大量粪便堆积在结肠内，结肠变得扩张和无力。这种拉伸会损伤结肠的神经和肌肉，从而影响结肠的收缩能力。此时，结肠也逐渐失去了排出粪便的能力。所以慢性便秘转变为巨结肠是一个严重的问题，应及时观察宠物的'难言之隐'，积极及时地进行针对性治疗。"这时小汪助理带着小核桃检查回来了，X射线检查确实发现小核桃结肠蓄积粪便。雅琴愧疚地说："都怪我没有及时发现它的异常。"小汪助理安慰说："宠物不会说话，便秘时往往会频繁有排便动作但无粪便排出、粪便干硬、间歇性便血或腹泻，还可能出现食欲下降、精神沉郁、体重下降和呕吐等症状。只要细心观察就可以及时发现猫的异常，同时一定要鼓励猫多喝水。脱水和肥胖很容易造成便秘。"

在吃了小夏医生开的乳果糖和一些润肠通便的药物后，小核桃在第二天清晨的"万众期待"下成功排便，雅琴长长地舒了口气，她指指小核桃干干的鼻头说："肥猫，以后你要多多喝水呀。"

【 小夏博士有话说 】

巨结肠与便秘是相互影响的。巨结肠是导致便秘发生的主要因素，同时反过来，无论何种原因导致的便秘或顽固性便秘，未进行适当的治疗，最终就可能发展为巨结肠。

结肠主要有两个功能，即吸收水分和储存粪便，并通过蠕动收缩推动粪便向直肠运动以排便。根据特征，猫咪巨结肠可以分为两种类型：扩张性和肥大性。扩张型巨结肠，被认为是特发性结肠功能障碍的末期，发生永久性的结肠结构和功能丧失，大多为特发性，机制不清；某些可能与脊髓、自主神经系统疾病有关。肥大性巨结肠，也可认为是继发性巨结肠，由于梗阻性病变（如骨盆骨折畸形愈合、肿瘤、异物等）导致结肠代偿性肥大，如果早期进行合理治疗，结肠形态及功能是可逆的，但如果不进行适当治疗其最终可能发展为不可逆的扩张性巨结肠。

腹部触诊可能发现大的占位性团块，需与腹腔肿物等进行鉴别诊断。神经源性的疾病可能出现其他自主神经系统相关的症状，如尿失禁、巨食道症引起的反流、心动过缓等。可能出现脱水、酸碱平衡及电解质紊乱。

对于轻度及中度猫便秘治疗可使用温热的纯水等渗盐水、矿物油，或乳果糖进行灌肠，或使用润滑剂、软化剂、促进肠道动力等药物继续治疗。对于长期便秘、顽固性便秘和巨结肠治疗效果不佳的猫，手术治疗是目前唯一有效的方法。

40. 这次流泪不是因为没吃饱

"小核桃，怎么又流眼泪了？"雅琴捧着小核桃的脸颊，轻轻擦掉小猫咪眼角流下的眼泪。最近，小核桃经常睁不开眼睛，还会不停地流泪。刚开始，雅琴还以为是小核桃没吃饱，毕竟作为家里最"肥美"的小猫咪，饿得生气是常有的事。但过了几天，小核桃流泪的情况还是没有缓解，而且眼睛有些泛红，雅琴这才察觉到有些不对，决定带小核桃去看医生。

作为一名经验丰富的兽医，小夏医生给小核桃做了一次眼科检查。经过仔细观察，小夏医生发现小核桃患上了角膜溃疡。

"可是小核桃怎么会患上角膜溃疡呢？"雅琴不解道。

小夏医生耐心地解释起来："角膜溃疡是指眼黑眼珠表面最外层的那层膜——角膜受到损伤或炎症引起溃疡。"

雅琴想了想道："会不会是它和其他小动物打架被抓伤了呢？"

"角膜溃疡的原因有很多种，首先，眼部外伤只是引起角膜溃疡的常见原因之一。猫狗在日常生活中，可能会遭受外界物体的撞击或划伤，导致角膜受损。例如，猫狗在玩耍时被树枝或者其他尖锐物体划伤眼睛，就有可能引起角膜溃疡。其次，猫狗的眼睛也容易受到化学物质的伤害。例如，猫狗在家中接触到洗涤剂、清洁剂等化学品，如果不小心溅到眼睛上，就会导致角膜受损，形成溃疡。"

"可能导致角膜溃疡的原因都很常见啊！"雅琴在心里感叹道。

"另外，猫狗的眼睛也容易受到细菌、病毒等感染的影响。"小夏医生补充道。"当猫狗的眼睛受到感染时，细菌或病毒会破坏角膜的正常结构，导致溃疡的形成。例如，患有犬瘟热、犬传染性肝炎、犬疱疹病毒及金黄色葡萄球菌感染的犬，也可能导致角膜溃疡。"

"一些疾病也可能引起猫狗的角膜溃疡。例如，干眼症是一种常见的眼部疾病，会导致眼球表面缺乏足够的泪液润滑，从而引起角膜溃疡。当然，以上只是角膜溃疡的一些常见原因，具体的病因还需要根据具体情况来确定。如果发现宠物眼睛出现异常，最好及时带它去宠物医院进行检查，以便及早发现和治疗。角膜溃疡比较疼痛，宠物会忍不住搔抓眼睛，并表现出明显的眯眼睛、分泌物增多、怕光、流泪，有些小动物的角膜会看起来像是有'白雾'。"小夏医生提醒雅琴。

雅琴点了点头，看来小动物的眼睛问题还是非常需要重视的，如果家里的小动物出现这些临床症状，还是要及时去宠物医院看诊啊！

对于角膜溃疡的治疗，小夏医生告诉雅琴："一般会根据溃疡的大小和严重程度来制订治疗方案。常见的治疗方法包括使用抗生素眼药水、眼膏，以防止感染的发生。对于较严重的角膜溃疡，可能需要进行手术治疗，如角膜缝合或角膜移植等。"

除了治疗，雅琴还问到了预防角膜溃疡的方法。小夏医生告诉雅琴："预防宠物角膜溃疡的关键是保护宠物的眼睛。如定期检查宠物的眼睛，特别是注意观察是否有红肿、流泪、眼屎等异常情况。同时，要避免外伤，在室内外活动时，尽量避免宠物受到外界物体的撞击或划伤。可以使用宠物专用的护目镜或者避免宠物接触危险物品。还要防止化学品伤害，将家中的化学品、清洁剂等放置在宠物无法触及的地方，避免宠物不小心接触到这些物品。最后要提供均衡的饮食，均衡的饮食可以提高宠物的免疫力，减少眼部感染的风险。"

【小夏博士有话说】

　　角膜溃疡是猫狗最常见的眼科疾病之一。当角膜上皮及角膜基质发生缺损或脱落时，即为角膜溃疡。如果不及时治疗、护理不当，角膜溃疡可能会迅速恶化，造成角膜穿孔、失明，甚至化脓性炎症，最终可能需要进行眼球摘除。角膜溃疡可能由外力损伤、眼睑结构异常、睫毛生长异常、眼干燥症继发等原因导致。患病动物可能出现流泪、畏光、搔抓眼睛、结膜充血、角膜水肿等临床症状。宠物主人应及时给动物戴上"伊丽莎白圈"，防止眼睛受到进一步损伤。此外，还应进行适当的抗菌治疗，加强对患病动物的护理，减少户外活动，以避免强光刺激。

宠物的中毒防线

——常见毒物与中毒症状的全面识别与应对

41. 巧克力的诱惑

"医生，医生，快来看看我家奇奇怎么了？"宠物医院中传来焦急的呼唤声，闻言，小汪助理急忙从诊室中出来。"怎么了？你家狗狗出现什么状况？"小汪助理询问着，并急忙把晓阳带进了小夏医生的诊室。"刚刚奇奇趁我不注意，把我放在桌子上的巧克力吃了一块，它现在好像不太对劲。"晓阳一脸担忧地回答道。"快跟我说一下详细情况。"小夏医生说道。

"我原本以为就一块巧克力，于是没太在意。但没想到之后它突然开始呕吐、腹泻。"晓阳说道。"巧克力吃了多久了？"小夏医生问道。"上午10点左右吃的，到现在大概2个多小时了。"晓阳回答道。小夏医生对奇奇进行了初步的体格检查，包括观察奇奇的整体精神状态、呼吸状况、体温、心率等，随后对晓阳说："巧克力中含有可可碱和咖啡因，这两种物质属于甲基黄嘌呤类化合物，可导致血管收缩、心动过速，同时刺激中枢神经系统，并能抑制磷酸二酯酶活性，导致体内环磷腺苷数量增加，产生儿茶酚胺效应，从而导致机体血管收缩、中枢神经兴奋、心动过速。狗狗的体内没有相应的酶来分解这些物质，可可碱和咖啡因会驻留在犬的体内，造成犬中毒。狗狗巧克力中

毒后,可能会出现呕吐、腹泻、尿频和神经兴奋等症状,严重时可引起危及生命的心律失常和中枢神经系统机能障碍,导致心律不齐、抽搐,甚至死亡;而人的体内含有可以分解可可碱和咖啡因的酶,所以人吃巧克力没事。目前奇奇的体温39.8℃,轻微地升高,并且呼吸急促,精神也较差。"

听到小夏医生的话,晓阳心里更加焦虑了,说:"这么严重,那应该怎么办?""目前我们需要尽快处理,首先,为了减少狗狗对巧克力的进一步吸收,我们要先对奇奇进行催吐处理。其次,你再带奇奇去做血常规和生化检查。最后,由于奇奇现在存在心动过速和兴奋的情况,我会给奇奇开一些缓解心律失常、兴奋和解毒的药物,所以你带奇奇抽完血之后就赶紧带他去注射室输液。"小夏医生嘱咐道。

一个小时后,血常规和生化结果出来了。晓阳拿着检查单来到了诊室,说:"小夏医生,检查结果出来了,你看有什么问题吗?""好消息是,奇奇的检测结果并没有显示出明显的异常。尽管现在还需要继续观察,但整体来说,奇奇的状况是可以控制和治疗的。"小夏医生向晓阳解释道。"真的吗?太好了,谢谢医生!"晓阳松了一口气,脸上的担忧逐渐消散。"不过,由于现在奇奇的精神状态还不是太好,所以他还需要在医院观察一段时间,等我们确保它完全康复后,你就可以带它回家。同时,以后请注意避免让奇奇接触含有巧克力成分的食物,这将有助于避免再次发生类似的情况。"小夏医生温和地提醒着。在接下来的几天里,奇奇逐渐康复,食欲恢复,活动也变得活跃。这次经历让晓阳深刻认识到,巧克力对狗狗的危害绝不可小觑,并在

医生的建议下，仔细调整了家中的饮食和生活方式，确保奇奇得以健康快乐地生活。

▲ 狗狗禁食巧克力

【小夏博士有话说】

对于宠物（猫咪和狗狗）来说，巧克力并不是可食用的零食，而是毒物！应该避免宠物接触巧克力，巧克力对宠物的危害及中毒后的治疗措施如下：

1.狗狗的体内没有相应的酶来分解巧克力中的咖啡因和可可碱，可可碱和咖啡因在犬体内的半衰期分别为17.5小时和4.5小时，它们驻留在狗狗的体内并造成中毒。

2.狗狗巧克力中毒后,可能会出现呕吐、腹泻、尿频和神经兴奋等症状,严重时可引起危及生命的心律失常和中枢神经系统机能障碍,导致心律不齐、抽搐,甚至死亡。

3.如果误服巧克力请及时送医,通过催吐或洗胃的方式,并口服活性炭防止进一步吸收。另外,可以通过药物进行镇静以及利尿。

42. 水果刺客——葡萄君

周末来临，晓阳热情地邀请了几个朋友来家中聚餐，购置了许多水果和零食摆满餐桌。大家边品尝美食边聊天欢笑，这个时候巴克也特别开心，哼唧着乞求大家给它一些吃的。聚会结束的第二天，晓阳发现巴克在窝里静静地躺着，旁边还有疑似呕吐物的物体。晓阳意识到了不对劲，立刻带着巴克去了宠物医院。

"小夏医生，您快看看巴克是什么情况。昨天我们在家聚餐，巴克精神挺好的，还主动找我们要吃的，但是今天就突然不爱动了，还出现了呕吐的情况。"晓阳焦急地向小夏医生描述了巴克的情况。"你们在家聚餐喂巴克吃什么了吗？"小夏医生问。"也没什么呀，就喂了一些苹果、葡萄、草莓之类的水果。"晓阳说。"喂了多少葡萄呀？狗狗是不能吃葡萄的，任何葡萄的产品，包括葡萄属植物的果实及其干制品（葡萄干等）都不可以吃，严重的话有可能导致狗狗肾衰竭。"小夏医生说道。"啊？除了巧克力，狗狗连葡萄也不能吃吗？"晓阳一脸疑惑地问道。小夏医生语重心长地告诉晓阳："葡萄和葡萄干对狗狗来说是非常危险的，目前葡萄对猫狗肾毒性的毒性机理和确切机制尚不清楚，以前认为可能与葡萄中的单宁、霉菌毒素、农药或者重金属污染等有关，但最新的研究认为可能是葡萄中的酒石酸导致的。虽然狗狗对葡萄及其干制品的易感性有很大的个体差异，有些狗狗吃了多达一千克的葡萄后仍然没有症状，但对于有些狗狗来说，仅仅摄入少量的葡萄干就能导致死亡。葡萄中毒的症状最常见的包括呕吐，也可能出现嗜睡、腹泻、食欲下降、腹痛、饮水量增多、尿频或尿少等。最严重的情况就是出现肾衰竭，这可能会危及动物生命。"晓阳听后愣住了："那怎么办？该怎么救治巴克？"小夏医生安慰道："首先，我们要尽快做一些处理。如果巴克是在吃完葡萄之后才出现的症状，我们可以尝试通过催吐的方式排出体内的毒素。当然，这种方法只适用于狗狗在短时间内进食葡萄。时间一长，催吐的效果会逐渐减弱。如果你确定巴克是在短时间内吃了葡萄的情况，可以尝试催吐，防止进一步吸收。其次，还需要带巴克去注射室输液，积极的液体治疗有助于毒素排出体外。最后，我会再给巴克做一个全面体检，包括血常规和生化检测，排查巴克目前的肾功能是否出现问题。"晓阳紧张地说道："好的，医生，我现在就带巴克去做这些检查。"

过了一个半小时，晓阳拿着化验单来到了诊室，说道："医生，巴克已经在输液了，你可以再看一下检查结果有什么问题吗？"小夏医生拿着检查单看了一会儿说："目前巴克的血常规和生化检查结果显示肾功能尚未受到明显损害，这是一个好的消息。但是，我们仍需要继续观察巴克的状况，因为葡萄中毒的症状可能在摄入后的一段时间内才显现出来。所以接下来的几天我们还要持续检测巴克的肾功能指标。""好的，谢谢小夏医生。"晓阳说道。

通过3天的输液和监测，巴克的精神状态已经基本恢复了，呕吐的症状也没有再出现，晓阳开心地带巴克回家了，并暗下决心，以后再也不给巴克乱吃东西了。

【小夏博士有话说】

人们常常认为水果是健康食品，但并不是所有水果都能给宠物食用，以下是一些注意事项：

1.除了狗狗外，猫咪也不可以吃任何葡萄产品，任何含葡萄的产品对猫狗都是危险的。目前葡萄对猫狗肾毒性的毒性机理和确切机制尚不清楚，最新的研究认为可能与葡萄中的酒石酸有关。猫狗对葡萄中毒的反应存在很大的个体差异，但不能因此存在侥幸心理。

2.食用葡萄或葡萄干后最常见的临床症状是呕吐，也可能出现嗜睡、食欲下降、腹泻、腹痛、震颤、坐立不安、饮水和排尿增多、流涎等症状。如果发生严重肾损伤可能出现少尿和无尿的情况。

3.一旦发现宠物摄入了葡萄，或在呕吐物/粪便中发现了葡萄，最好的处理方式是立即就医。专业的兽医可以根据狗狗的具体情况采取有效的处理措施，包括催吐、静脉输液和监测肾功能等。此外，至少要在食入葡萄后的72小时内连续监测宠物肾功能的变化。

43. 闪闪发光的肚子

晓阳垂头丧气地回了家。今天本来打算出门和女友约会,但是发现前几天买的戒指不见了。女朋友发现他的手指上空空如也,还和他大吵一架,但是他真的不记得自己把戒指丢在哪里了。

晓阳坐在沙发上,忽然发现今天巴克没有出来迎接他。晓阳呼唤了巴克两声,但是没有像往常一样听到巴克的回应。晓阳担心地四处寻找,发现巴克蜷缩在卧室的角落里,旁边还有一摊呕吐物。

昨晚巴克就有呕吐的症状,晓阳想继续观察一下,昨晚巴克什么也没吃,但显然在他出门的这段时间,巴克又吐了很多次。

晓阳担心起来,自己在家给巴克测了体温,发现巴克的体温有所升高,而且存在呼吸急促的现象。晓阳连忙带着巴克去了宠物医院,晓阳向小夏医生描述起巴克的症状:"小夏医生,巴克生病了,它在家吐个不停,吃什么吐什么,喝水也吐,就算不吃东西也会吐。"因为心中焦急,晓阳的额头上流下一滴滴汗水。

小夏医生递了一张纸巾给他,"别着急,晓阳,我这就给巴克做检查。"小夏医生把手伸向蜷缩着的巴克的肚子,没想到平日里一向温和有礼貌的巴克少见地呲起了牙,拒绝小夏医生的触碰。

"巴克的肚子似乎很敏感,请您在这里稍等,我带巴克去做检查。"小夏医生道。说完,他带着巴克走向了X射线室。

巴克可怜兮兮地被抬到台子上,照了腹部的正、侧位X射线片,小夏医生看着X射线片上一个发光环状物陷入了沉思。根据环状物的大小和亮度,应该是戒指一类的金属物品。

晓阳在等候室坐立不安,他迫切想知道巴克的病情。不一会儿,小夏医生带着检查结果走了过来。晓阳看着小夏医生严肃的表情,心中不免一沉。

"小夏医生,巴克怎么样?情况严重吗?"

小夏医生点点头,"经过X射线检查,发现巴克的肚子里有一个指环,需要进行手术把它取出来。"

晓阳这下终于知道自己的钻戒去哪儿了,原来是被巴克不小心吃进了肚子里。晓阳非常内疚,心想是自己没有妥善保管,才让巴克遭了这份罪。"是我的戒指,小夏医生。都是我不好,没有把东西放好。"

小夏医生安慰道:"猫猫狗狗是比较容易食入异物的,尤其是对世界充满好奇的小动物们。"他在医院经常见到食入异物的小动物,吃进肚子里的东西也千奇百怪,如儿童的小玩具、主人的塑料拖鞋、骨头碎片、果核、咬坏的衣物碎片等,其中最危险的还是鱼钩、针线等尖锐的东西。想到这里,小夏医生嘱咐道:"线状异物是

最危险的异物种类,尤其是带有尖锐端的线状异物,这种异物类型中,猫咪发生的风险比狗狗更高。因为猫咪的舌头带有倒刺,线状异物进入口中后,猫咪很难吐出。异物的线头容易在胃肠道内卡住,随着肠道蠕动,线的另一端会继续向前,容易造成'切割肠道',这种情况格外危急,可能需要马上手术。"

晓阳想到自己戒指上的钻石,想到这是尖锐物品,心又悬了起来,看来巴克的情况也比较危急。

小夏医生马上给巴克安排了手术,几个小时之后,巴克和钻戒都交到了晓阳手上。

晓阳感激地握着小夏医生的手,连连道谢。小夏医生笑着说:"以后一定要小心,别让自家的小动物吃不该吃的东西啦!"

【小夏博士有话说】

猫狗误食异物后,最典型的症状就是呕吐,但症状出现的时间与严重程度都不一样,以下是可能出现的情况:

1.不一定所有猫狗都会出现典型症状,如果异物没有完全造成阻塞,症状可能会延迟出现或比较轻微。

2.除了呕吐、腹痛、流涎、精神萎靡、食欲下降及虚弱也是常见症状。

3.若同时引发消化道穿孔或呕吐造成吸入性肺炎,则可能出现发烧、呼吸急促等症状。

4.线状异物是最危险的异物种类,尤其是带有尖锐端的线状异物,这种异物类型中,猫咪发生的风险比犬更高。

5.异物的种类及阻塞的位置决定了手术方式,如果是小型非尖锐异物堵塞在食道或者胃部,可以通过内窥镜手术取出,其他比较危险的异物,可能需要开腹手术来进行治疗。

44. 药物也疯狂

文慧需要去外地出差三个月，因此她决定把自己心爱的猫狗寄养在父母家里。刚开始，猫狗们在老两口那里过得挺好，但某天，文慧的父亲注意到毛毛开始流鼻涕、打喷嚏。由于父亲自己也时常感冒，他便根据自己的经验给毛毛服用了速效感冒胶囊，认为这样可以帮助它缓解症状。然而，第二天早上，毛毛的食欲明显下降，中午时它的呼吸变得急促，甚至开始呕吐。老两口顿时慌了神，不知道发生了什么，于是赶紧打电话给文慧，告诉她毛毛的异常情况。

文慧听后非常着急，立即叮嘱父母下午带毛毛去宠物医院检查。当天正好是小夏医生坐诊，文慧的父亲将毛毛的症状告诉了小夏医生。小夏医生仔细询问了症状后，立即开始为毛毛进行检查。毛毛显得异常虚弱，精神沉郁，张口喘气，口腔黏膜呈现发绀。医生测量体温为38.2℃，呼吸频率达到48次/min，心率也有些偏高，达到108次/min。

小夏医生为毛毛开展了血常规、生化检查、腹部超声及尿液分析，并特别嘱咐文慧的父亲，带着毛毛做检查的同时，务必给毛毛吸氧。血常规结果显示，毛毛的血液呈暗红色，白细胞数目升高，而红细胞数目下降，表现出严重的贫血；生化检查结果也提示毛毛的肝功能出现严重损害；尿液检查则显示毛毛的尿液呈红色，提示可能有内出血；腹部超声检查发现毛毛的肝脏明显肿大，胆管有扩张现象。综合检查结果和毛毛的症状，小夏医生最终确诊狗狗为对乙酰氨基酚中毒。

得出诊断后，小夏医生立即为毛毛制定了详细的治疗方案，并安排其住院治疗。经过医生几天的精心治疗，毛毛的状况逐渐好转。它的肝功能得到了恢复，贫血也得到了有效缓解。几天后，毛毛终于康复了。

在毛毛出院时，小夏医生再三叮嘱文慧的父亲："以后如果毛毛生病了，一定不要根据自己的经验随便给它吃药。很多我们常用的药物对狗狗和猫咪来说都是有毒的，如含有对乙酰氨基酚的感冒药、含布洛芬的止痛药等，这些药物如果用量过大，容易让宠物陷入危险境地。如果狗狗和猫咪有问题，一定要及时带它们到宠物医院来检查，在专业医生的指导下进行治疗。"文慧的父母听后感到十分内疚，也决心以后再也不轻易给宠物用人类药物了。

这次事件让文慧更加深刻地认识到，宠物的健康绝对不能忽视，任何药物和治疗方法都应当经过专业兽医的指导。而这次的经历也让她更加坚定了为宠物提供专业、科学照顾的决心。

【小夏博士有话说】

有一些用于治疗人的药物，对于猫狗来说却是毒物，从严格意义来说，人用药物以及兽用药物不要进行混用。以下是一些需要格外注意的药物：

1.含有对乙酰氨基酚的药物会引起狗、猫急性贫血和严重的肝损伤，其中包括速效感冒冲剂、感康、999感冒灵、快克、泰诺止痛片、VC银翘片、时美百服宁、小白糖浆、恩普诺儿童伤风素片、感特灵、白加黑、扑感灵等。

2.含有布洛芬的药物会造成猫狗胃肠道刺激与出血，严重可能导致猫狗肾衰竭与死亡。早期可能出现的症状有：恶心，呕吐，腹泻，精神不振。

45. 藏在暗处的危机

最近，小区里发生了一些不太寻常的变化。随着天气渐渐变暖，老鼠的数量也逐渐增多，尤其是在楼道和地下车库里，常常能看到它们的身影。为了应对鼠患，小区物业决定采取行动，他们在单元楼下的墙根处投放了溴鼠灵——一种二代抗凝血的慢性鼠药。溴鼠灵虽然对老鼠有效，但它对其他动物尤其是猫狗具有极强的毒性。这种毒药并不像传统鼠药那样直接让老鼠致死，而是通过慢性毒性逐渐发挥作用，影响动物的凝血功能，导致其出血性症状，甚至引发死亡。

这天傍晚，雅琴照常下班，带着食物准备喂养流浪狗们。走到单元楼门口时，她突然看到了一个让她心惊的景象：一只瘦弱的流浪狗正无力地躺在地上，身体抽搐，痛苦地发出哀嚎。它的周围有一摊呕吐物，颜色鲜艳，显得异常诡异。雅琴的心猛地一紧，她赶紧掏出手机拨打了宠物医院的电话，迅速告诉工作人员情况，并决定立即送狗狗去医院。

抵达医院时，值班的正是小夏医生，听完雅琴的描述后，小夏医生立即为狗狗做了全面检查。狗狗的症状非常严重——虚弱无力、鼻子流血、呼吸急促、心跳加速，而且它的可视黏膜显得苍白，鼻孔中甚至流出泡沫状的红色液体。这些都表明，狗狗的情况很不妙，可能是遭遇了某种严重的中毒反应。

小夏医生立即安排了一系列检查：血常规、生化检查、凝血指标检测、胸部X射线片及尿液分析。血常规结果显示狗狗的红细胞和血小板明显减少，出现了贫血症状；凝血指标检测也显示出狗狗的凝血时间大幅延长，说明它的凝血功能受损；胸部X射线片显示狗狗的肺部有明显的出血迹象，这些症状都让小夏医生更加确信，这只流浪狗中毒了，且毒素已经扩散到全身，影响了多个系统。

结合临床表现和检测结果，小夏医生最终作出了诊断：抗凝血灭鼠剂中毒。溴鼠灵通过狗狗的食物或空气进入体内，逐步破坏其凝血功能，导致内脏出血。小夏医生快速安排住院治疗，为狗狗提供了紧急止血和抗毒治疗。与此同时，雅琴则心急如焚地等待着治疗的进展。

接下来的两天，狗狗在医院接受了持续的治疗。小夏医生给它输血，补充凝血因子，并使用了大量的药物来帮助其恢复凝血功能。经过这几天的紧急处理，狗狗的病情逐渐稳定下来。三天后，它的凝血功能恢复正常，体力也逐渐恢复。雅琴终于松了一口气。

一周后，狗狗出院了。雅琴决定收养它，并带它回到了温暖的家，而小夏医生则在临别时特别嘱咐她："平时带宠物出门时，要特别注意避免它们接触到含有化学物质的区域。例如，除草剂、灭鼠剂、农药等，这些化工产品对猫狗都是非常危险的。它们可能通过皮肤接触、吸入空气或不小心摄食而进入体内，造成严重的健康问题。在家里，也有很多日常使用的化工品，如消毒用的氯己定、酚类、樟脑丸等，这些物品如果浓度过高，或者被宠物误食、吸入，也会对它们的健康造成影响。使用这些产品时一定要格外小心，避免让宠物接触到。"

▲ 误食老鼠药的狗狗

【小夏博士有话说】

一些日常生活中的化工用品不仅对人类，对猫狗也都是致命的存在，平时需要谨慎保管这些常见的化工用品：

1.百草枯、二甲四氯钠和氯化苯氧酯衍生物等除草剂，可以通过吸入、眼睛接触、皮肤接触、摄食等方式进入动物身体。

2.目前急性灭鼠剂已被国家禁用，但慢性抗凝血灭鼠剂又称缓效灭鼠药，同样对动物存在毒性作用，其中包括敌鼠钠盐、杀鼠灵、杀鼠迷（立克命）、杀鼠酮、氯敌鼠、溴敌隆、大隆、杀它仗、硫敌隆等。

3.敌敌畏、敌百虫等有机磷及敌敌替、六六六等氯化烃类农药都可能污染环境，因此需要阻止宠物接触并食用喷洒农药后的植物。

4.一些包括消毒剂、樟脑丸和漂白粉等化工用品也需要谨慎保管，防止宠物误食、误触。